小さな会社の

スクラム
実践講座

柏岡秀男 著
Scrum Inc. Japan 監修

books.MdN.co.jp

エムディエヌコーポレーション

はじめに

　筆者はPHPを中心に、長くWeb開発を行ってきました。初期のPHP開発は比較的簡単なWebアプリが主流でしたが、時代とともにクラウドの発展やDevOpsなど、取り巻く環境にも変化がありました。常に新しい技術の習得にも意識を向け、プロジェクトに取り入れてきたと自負しています。

　しかし、プロジェクト推進については、経験の占める割合が大きいものです。かなり昔からアジャイル開発を部分的には実践していましたが、導入当初はアジャイルの本質を理解しておらず、技術力とプロジェクトマネージメントの経験の力技で乗り越えていたように思います。

　月日は流れ、改めてスクラムを学ぶ機会を得ました。これまでのプロジェクト推進の経験を基礎としつつ、スクラムの実践導入を繰り返し、成功したプロジェクトも増えてきました。

　その中で学んだのは、スクラムの基本はスクラムガイドにあるということです。スクラムがうまくいかない時は基本に立ち戻り、正しい型で運用すると、良い結果につながります。ただし、スクラムガイドは大切なことが凝縮されているぶん、読んだだけでスクラムを正しく運用するのは難しいでしょう。

　本書ではスクラムガイドに則ったスクラムの基本とともに、筆者がスクラムマスターとして実際に現場の経験から学んだ実践的なノウハウをお伝えしています。とくに予算や人材が限られた小規模な会社やプロジェクトでも役立つよう、原則と現実的な対応の両面を盛り込みました。また、昨今の社会状況から、リモートワークでスクラムを進める際の注意点やツールなども解説しています。

　この本は実践の書籍です。読んだあと、実際にふりかえりとカイゼンを行い、スクラムを正しく運用できるようになっていただけることを願っています。

2022年11月　柏岡 秀男

Contents

Chapter **3**

小さな会社で
スクラムを実践する *061*

Chapter 4

スクラム実践の環境を整備する *151*

Chapter 5

スクラムの実践事例 *191*

Chapter

1

スクラムの準備

まずはスクラムがどのような開発手法なの
かについて、基本的な情報をおさらいします。
従来の開発方法との違い、スクラムとアジャ
イルの関係、どのようなケースが向いてい
るかなど、おおまかに理解しましょう。

スクラムとはどんなもの？

スクラムは開発手法のひとつです。まずはスクラムガイドを確認して、スクラムの定義と特徴を簡単に見ていきましょう。

スクラムの定義

　本書を手にとっていただいた方は、「スクラム」という言葉自体は聞いたことがあると思います。また、そのスクラムは「開発の効率を上げてくれそうなものだ」というイメージはお持ちでしょう。

　ただ、スクラムに取り組もうと思っても、実際にどのように進めたらいいかわからない、という方が多いかもしれません。

スクラムガイド

　スクラムはその実施の仕方が「スクラムガイド」に記載されています。基本的にはこのガイドに書いてあることが実現できれば、スクラムを進めていけます。

スクラムガイド

https://scrumguides.org

「Select language & Download」のボタンから各言語のバージョンへのリンクが表示されるので、日本語のドキュメントもそこからPDFでダウンロードできます（2022年10月現在）。

スクラムガイドの各言語版

https://scrumguides.org/download.html

　このスクラムガイドから、スクラムの定義を引用してみます。

スクラムの定義

スクラムとは、複雑な問題に対応する適応型のソリューションを通じて、人々、チーム、組織が価値を生み出すための軽量級フレームワークである。
簡単に言えば、スクラムとは次の環境を促進するためにスクラムマスターを必要とするものである。

1. プロダクトオーナーは、複雑な問題に対応するための作業をプロダクトバックログに並べる。
2. スクラムチームは、スプリントで選択した作業を価値のインクリメントに変える。
3. スクラムチームとステークホルダーは、結果を検査して、次のスプリントに向けて調整する。
4. 繰り返す。

「プロダクトオーナー」や「スクラムチーム」など、それぞれのロールについてはあとで詳しく解説します。

非常にシンプルな定義です。まずは「プロダクトオーナー」がこれから構築しようとしているプロダクトについての作業を、優先順位を付けて並べます。

　スクラムチームはその作業を決められた期間で完成させます。

　決められた期間が終わったら、その期間をふりかえり、これからどう進めていくかを改めて決めます。そして、新しい期間が始まる ── というサイクルで開発が進んでいきます。

スクラムの特徴

　スクラムの特徴は「チームに権限が多く与えられる」ということです。権限というと「ただ自由」というように聞こえるかもしれません。もちろん自由ですがその反面、結果についても責任を負います。

　スクラムチームは自分たちで作業の進め方を決めて、自分たちで結果を検査します。

　それと同時にステークホルダーとも協力してプロダクトを完成に導きます。

スクラムマスターだけでは実現できない

　「スクラムマスター」という言葉を聞いたことがあるでしょうか？先述の定義にあるように、スクラムマスターはスクラムのプロセスを促進する人で、名前からすればスクラムを司る人のように聞こえます。しかしスクラムマスターがいるからと言って、それでスクラムが実現できるわけではありません。

　顧客や開発者と一体になって価値のあるものを作り続ける、そういった体制がスクラムです。

POINT	・スクラムは「スクラムガイド」で定義されている
	・スクラムの特徴はチームに課された自由と責任
	・スクラムはスクラムマスターだけでは実現できない

スクラムとアジャイル

スクラムはアジャイル開発を実践する手法のひとつです。ここでは、スクラムの目的への理解を深めるために、スクラムができた背景とアジャイルとの関係について解説します。

スクラムができた背景

スクラムの考案者はKen Schwaber氏とJeff Sutherland氏です。二人がスクラムの着想を得たのは、新製品開発のプロセスについて日本の組織とNASAなどのアメリカの組織の間で比較・分析を行った研究論文「The New New Product Development Game」（野中郁次郎・竹内弘高, 1986）とされています。そして二人は、スクラムの内容を「スクラムガイド」という形でまとめました。スクラムはこのガイドに基づいて実施していきます。

二人はスクラムガイドをまとめる前からスクラムを実践していました。スクラムガイドにはその試行錯誤が反映されています。

スクラムはアジャイル開発手法のひとつです。アジャイルについても簡単にふりかえっておきましょう。

2001年、当時、著名な17人のソフトウェア開発者（ここにKen Schwaber氏とJeff Sutherland氏も参加）がそれぞれの共通する理念から「アジャイルソフトウェア開発宣言」をまとめました。

アジャイルソフトウェア開発宣言

私たちは、ソフトウェア開発の実践
あるいは実践を手助けをする活動を通じて、
よりよい開発方法を見つけだそうとしている。
この活動を通して、私たちは以下の価値に至った。

プロセスやツールよりも個人と対話を、
包括的なドキュメントよりも動くソフトウェアを、
契約交渉よりも顧客との協調を、
計画に従うことよりも変化への対応を、

価値とする。すなわち、左記のことがらに価値があることを
認めながらも、私たちは右記のことがらにより価値をおく。

Kent Beck	James Grenning	Robert C. Martin
Mike Beedle	Jim Highsmith	Steve Mellor
Arie van Bennekum	Andrew Hunt	Ken Schwaber
Alistair Cockburn	Ron Jeffries	Jeff Sutherland
Ward Cunningham	Jon Kern	Dave Thomas
Martin Fowler	Brian Marick	

© 2001, 上記の著者たち
この宣言は、この注意書きも含めた形で全文を含めることを条件に
自由にコピーしてよい。

http://agilemanifesto.org/iso/ja/manifesto.html

　ソフトウェア開発に従事している方であれば、どこかで目にしたことはあるのではないでしょうか?

　アジャイル開発手法は、従来の開発手法のように型にはまったルールにとらわれるよりも、自由に、そして早く、型にはまらず変化に対応するソフトウェアを開発することを目的にしています。

　赤で示した4つの文章は、開発を進めていく上で多くのヒントを得ることができる言葉です。筆者自身も開発で困った時には思い起こすようにしています。

アジャイルソフトウェア12の原則

　この開発宣言の背後には12の原則もあります。これらを理解して、さらにアジャイルの開発理念自体への理解を深めてみてください。

スクラムは、このアジャイル開発の理念を実現するための実践方法のひとつという位置付けです。

アジャイル宣言の背後にある原則

私たちは以下の原則に従う：

顧客満足を最優先し、
価値のあるソフトウェアを早く継続的に提供します。

要求の変更はたとえ開発の後期であっても歓迎します。
変化を味方につけることによって、お客様の競争力を引き上げます。

動くソフトウェアを、2-3週間から2-3ヶ月という
できるだけ短い時間間隔でリリースします。

ビジネス側の人と開発者は、プロジェクトを通して
日々一緒に働かなければなりません。

意欲に満ちた人々を集めてプロジェクトを構成します。
環境と支援を与え仕事が無事終わるまで彼らを信頼します。

情報を伝えるもっとも効率的で効果的な方法は
フェイス・トゥ・フェイスで話をすることです。

動くソフトウェアこそが進捗のもっとも重要な尺度です。

アジャイル・プロセスは持続可能な開発を促進します。
一定のペースを継続的に維持できるようにしなければなりません。

技術的卓越性と優れた設計に対する
不断の注意が機敏さを高めます。

シンプルさ（ムダなく作れる量を最大限にすること）が本質です。

最良のアーキテクチャ・要求・設計は、
自己組織的なチームから生み出されます。

チームがもっと効率を高めることができるかを定期的にふりかえり、
それに基づいて自分たちのやり方を最適に調整します。

https://agilemanifesto.org/iso/ja/principles.html

スクラムの基本的な概念

　では、話をスクラムに戻して、基本的な概念を見ていきましょう。

スクラムが重視すること

　要件定義→設計→実装→テスト→リリースとすべてが順番に進んでいく従来のウォーターフォール型の開発手法と違い、スクラムでは経験を大切にし、少しでも早く本質的な価値を生むことに重きを置きます。実際に開発を進めていく中でチームが経験を積み、その積み上げた経験をもとに進め方を検討していきます。

　またリーン思考、リーン経営などの考えから、とにかく早く価値のあるものを作ることを重視し、無駄なものを作らずに進んでいくのが特徴です。

　スタートアップでよく用いられる考え方で、本当に価値のあるものをは何かを考え、無駄を削ぎ落とし、価値のあるものをできるだけ早く顧客へ提供することを重視する考え方です。

スクラムチーム

　進めながら常にふりかえりを行い、ゴールと自分達の現状を見比べてより最短ルートでゴールに辿り着くよう、自分達で計画し、実行していくことで、より成熟されたチームができあがっていきます。このチームが「スクラムチーム」です。

　そしてスクラムチームは何度もこのような検査と適応のイベントを繰り返し実行します。このスクラムで反復するイベント群の基本単位を「スプリント」と言います。

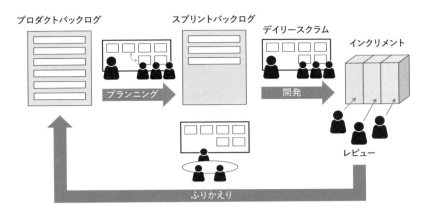

スクラムの語源はラグビーのスクラムからきています。
チームの中でがっちりスクラムを組んで協力しながら問
題を解決していく姿をイメージしておきましょう。

スクラムの3つの柱

　スクラムでは、経験主義から「透明性」「検査」「適応」という3つの
柱が重要です。

透明性

　かつての開発では「何のためのものかわからないが、言われたから作っ
た」とか、「この機能が何の役に立つかわからないが、決まっているか
ら実装した」ということもありました。このような状況では、適切なも
のが作れませんし、作成したものをより良くしようという想いも生まれ
ません。

　スクラムチームではプロダクトのゴールを意識した上でメンバーひと
り一人が自律的に意志決定できるように、メンバーみんなに情報が公開
されます。仕事の進捗やプロダクトのリリースの状況、チームの生産性
や幸福度、うまくいっていることやうまくいっていないこと —— この
ような情報が公開されていることで、チームの自律検査と適応が可能に
なります。

常にゴールを考えて開発に取り込むことで、勘違いによる実装の間違いや手戻りなどがなくなり、より価値の高いものを早く作り出すことが可能になります。

検査

　検査は、単純に受け入れテストや単体テストといった意味での検査だけではありません。品質、進め方、問題点などの状況も繰り返し検査し、その内容について変化を起こすように考えます。スクラムのイベントにおいても、結果を毎日検査し、レビュー時にチームのゴールについて話し合い、レトロスペクティブではスプリントでの仕事のプロセスについてのふりかえりを行います。

適応

　スクラムのプロセスの中で問題が発生した場合は、その内容を即修正します。その改善すべき点はスクラムの進め方かもしれませんし、プログラムの完成度かもしれません。場合によっては人間関係の可能性もあります。

　スクラムでは、改善できる点を短時間で発見し、それに適応できるようにイベントや権限が設けられています。スプリントごとのふりかえりでも、次に改善するための具体的なアイデアを出すようにします。

　このループを作り出して、スプリントを繰り返すうちに、より効率良く進行できるようになっていきます。

スクラムの 3 つの柱

スクラムの価値基準

スクラムの価値基準は、スクラムガイドにて以下のように説明されています。スクラムを進める上ではこれらを時々思い起こしてください。

スクラムの価値基準

スクラムが成功するかどうかは、次の5つの価値基準を実践できるかどうかにかかっている。

確約（Commitment）、集中（Focus）、公開（Openness）、
尊敬（Respect）、勇気（Courage）

スクラムチームは、ゴールを達成し、お互いにサポートすることを確約する。スクラムチームは、ゴールに向けて可能な限り進捗できるように、スプリントの作業に集中する。スクラムチームとステークホルダーは、作業や課題を公開する。スクラムチームのメンバーは、お互いに能力のある独立した個人として尊敬し、一緒に働く人たちからも同じように尊敬される。スクラムチームのメンバーは、正しいことをする勇気や困難な問題に取り組む勇気を持つ。

5つの価値基準について詳しく見てみましょう。

確約

スクラムでは、みなで決めたゴールを守るために全力を尽くし、インクリメントを作ることを確約します。

スプリントにおいて、チームはできるところまで仕事をするのではなく、スプリントのゴールを達成し、チームの品質の基準を満たしたプロダクトインクリメントを作成するために行動します。

集中

スクラムの仕事に集中します。作業をひとつずつ協力して終わらせていきます。難しいことにぶつかった時はみんなで集中して解決します。

公開

ステークホルダーとプロダクトオーナーはスクラムチームにそのプロジェクト・プロダクトの背景や達成すべき事柄を公開し、スクラムチー

ムは行っている作業や課題を公開します。ステークホルダーとスクラム
チームでさまざまな情報が公開されることにより、より良いプロダクト
を作る環境が整います。

尊敬

　スクラムチームのメンバーはお互いを尊敬しあえるようにします。一
緒に働く人たちからも同じように尊敬されるように振る舞いましょう。
雇用する側と雇用される側があったとしても互いに尊敬の念を忘れず、
助け合いながらプロダクトを作り上げます。

勇気

　勇気を持って困難な問題を解決していきます。スクラムの進め方に限
らず、みなが今まで手をつけなかった問題にぶつかったり、自分の考え
を伝えるのを躊躇したり、二の足を踏むようなこともあるかもしれませ
ん。勇気をもって変革に取り組みます。

　前述の3つの柱と5つの価値は、スクラムをしっかり実践できる生き
たフレームワークにしてくれます。言われたからただ行うスクラムでは
なく、常にチームメンバーとともにゴールを目指す、活気のあるスクラ
ムにチャレンジしましょう。

POINT
・スクラムはアジャイルを実現する手法のひとつ
・スクラムの目的は、価値あるものを早く顧客に提供すること
・スクラムには3つの柱と5つの価値基準がある

スクラムと従来の開発手法との違い

ウォーターフォール型開発など、従来の開発手法とスクラムではさまざまな面で違いがあります。スクラムは詳細な工程や期間の計画よりも、短期間で開発を回していくことを重視します。

スクラムと従来の開発手法との違い

　スクラムは従来の開発手法とさまざまな点で違いがあります。どのように違うのか簡単に見ていきましょう。

①スケジュールの立て方

　従来の開発手法では、開発期間を決めて、その期間内に開発を終わらせるようにスケジュールを立てます。ガントチャートなどを使って、開発の工程を分けて、それぞれの工程の期間を決めていきます。

ガントチャート

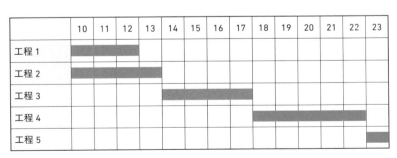

　開発の工程を分けて期間を見積もります。しかし、ソフトウェアのように新しいものを作り出すケースでは、開発の工程や工数を事前に予測するのは非常に難しくなります。

スクラムでは、いったん開発を始めた時点でのゴールは決めます。し
かし、細かい工程や工数を事前に決めることはしません。マイルストー
ンとなるタイミングは決めますが、その時点でのベストな機能は変わる
かもしれません。

　ではどのように進行するかというと、「MVP」と呼ばれる検証を続け
ることができる最小の単位のプロダクトを作り出し、「スプリント」と
呼ばれる一定の期間（1週間など）を繰り返すごとにその価値を高めて
いきます。

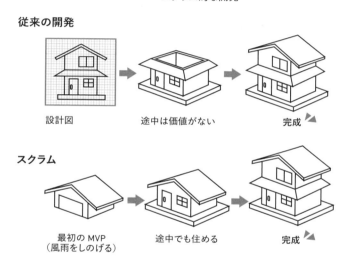

②進捗管理

　従来の開発では、たとえばガントチャートに従って、今全体の何割く
らいの完成度か、工程の何割が完成したかなどを日々確認します。

　スクラムでは、スプリントゴールに対する進捗管理はスプリントバー
ンダウンチャートを、プロダクトゴールやMVPに対する進捗管理はリリー
スバーンダウンチャートを用いて常に可視化して確認します（バーンダ
ウンチャートについてはP203の図などを参考にしてください）。またス
プリントごとに動くソフトウェアを確認できます。

③設計

　従来の開発手法では、設計をしっかりと行い、それをもとに開発を進めていきます。要件定義、機能設計などを行い、まず仕様を決定し、その後に設計を行います。

　スクラムでは、設計が終わってから開発に着手するのではなく、設計をしながら開発を進めていきます。設計をしつつ開発も行い、実際に動く状態を見て、設計が適切か確認しするという進め方です。

④テスト

　従来の開発では、製品の完成が近づくと、仕様書からテスト仕様書を作成し、テスト担当者が手動でテストを行います。また最終テストの段階で改めて大量の障害が出ると、納期を守れないこともあります。

　スクラムではスプリントの中で開発のたびにテストが行われます。自動・手動いろいろな方法がありますが、スプリント内でテストが行われるため、最後に大量のバグなどが発生することはありません。スプリントごとに障害を発見して修正し、さらに自動テストを組み込むことで品質が向上します。

⑤リリース

　従来の開発では、すべてが作り終わった頃にすべてまとめてリリースを計画します。リリース前には障害対応などを行って修正が完成したらリリースされます。

　スクラムでは、スプリントごとにリリースを行うことが可能です。一番小さな最初のリリースであっても、ユーザーに使ってもらえるものを目指します。実際のスクラムでは、リリースはある程度まとまってから行う場合もありますが、その場合でも旧来の方法に比べてたいへん早いリリースが行えます。

⑥プロダクトのゴール

　従来の開発では、当初決めていたゴールに向かって開発を進めます。リリース前に不適切な仕様が見つかり、修正が必要になったら、ゴールを変更することもあります。ゴールの変更を繰り返してしまうと、なかなか完成しないという事態もあります。

スクラムではいったんゴールを決めています。ゴールは詳細仕様のようにすべてを網羅したものではありません。もしかすると、当初計画していたゴールと違うところにたどりつくかもしれません。しかしスプリントで軌道修正をしながら進んでいるので、最終的に求めるゴールにかなり近いものになります。

検証を繰り返してゴールに近づく

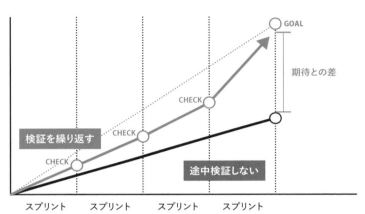

従来の方法でも、十分な経験があり、ゴールも定まっており、モジュール化などもなされているケースであれば、計画通りに進めるのは難しくありません。たとえば建設工事であれば、広さの決まっているアパートや、同じ形状の家を作る場合などは、経験とモジュール化された部品があり、完成形のイメージも固まっているので、予定とずれずに完成するはずです。
プログラムでも似たよう状況はあります。WordPressで既存のテーマによく使われるプラグインを組み合わせてサイトを構築する場合などは、従来の手法でも予定はずれにくいでしょう。
しかし、これまで作ったことがないようなプロダクトや、新しいチャレンジの場合は、まず予定を決めるところから違いが出てきます。さらに、その完成予定の時点での仕上がりにも大きな違いが出るでしょう。

スクラムが向いてるケースと向いていないケース

　スクラムの向き不向きでいうと、基本的にどのようなプロジェクトでもスクラムは実施できます。とくに向いているのは、スクラムがもともとアジャイルソフトウェア開発手法の流れをくんでいることから、新規開発のソフトウェア開発などです。

スクラムが向いていないケース

　ソフトウェア開発でも、短納期の定型作業の請負のような案件には向いていないでしょう。導入自体は可能ですが、おそらく一定のリスクが存在します。当初決まっていた機能と違う方向に進むのが価値を最大限に生むと判断した場合に、当初の予定を変更できなかったり、期間の融通が効かなかったりすることがあります。

　また準委任での新プロジェクト立ち上げであっても、顧客側の協力が得られないプロジェクトであれば、望んだ結果にはならないでしょう。

スクラムに大切な要素

　大切なのは顧客が「プロダクトを本当に完成させたい」と思うことと、顧客の担当（プロダクトオーナー）と開発者、スクラムマスターが協力してプロジェクトを進められる状態であることです。このような状況であれば、スクラムはメリットを生むことでしょう。

　また他社案件よりも自社案件のほうが進めやすいことは多いでしょう。ユーザーの要望を直接聞けて、メンバー全員で価値を見つけることができるからです。

　他社案件の場合、すべての必要な情報にアクセスできなかったり、協力が中途半端だったりするので、そのような場合はスクラムは向かないとも言えます。

POINT
　　・スクラムは従来の開発よりも価値の高いものを早く提供できる
　　・スクラムと従来の開発では工程に大きな違いがある
　　・スクラムには価値を共有できる協力関係が重要

2

スクラムの基本

ここでは、スクラムのアウトラインをひとと
おり解説します。細かなノウハウは次章で
改めて学びますので、ここでは、スクラム
がどんなチームで構成され、どのようなイ
ベントが設定されているかを理解しましょう。

スクラムの3-5-3

3-5-3はスクラムの基本的な構造です。3-5-3を理解することで、スクラムの基本的仕組みが理解でき、スクラムが正しく実行されているかどうかを判断できます。ここではまず、3-5-3とは何かを簡単に紹介します。

3-5-3とは

　スクラムが正しく実行されているかチェックするものとして、「スクラムガイド」、「3つの役割」、「5つのイベント」、「3つの作成物」があります。このスクラムガイド以外の数字をとって、「スクラムの3-5-3」と言ったりします。各項目についてはあとで詳しく見ていきますので、ここではまず概要を押さえておきましょう。

スクラムの 3-5-3

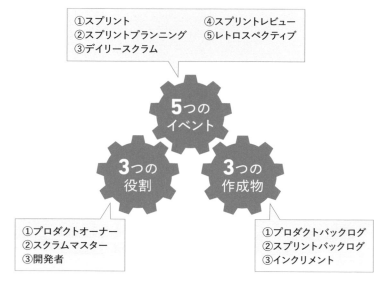

①スプリント　　　　　　　④スプリントレビュー
②スプリントプランニング　⑤レトロスペクティブ
③デイリースクラム

5つの
イベント

3つの
役割

3つの
作成物

①プロダクトオーナー
②スクラムマスター
③開発者

①プロダクトバックログ
②スプリントバックログ
③インクリメント

3つの役割

まず、これからスクラムを実行していくチームは「スクラムチーム」と呼びます。スクラムチームには次の3つの役割があります。

スクラムチームの3つの役割

- ▶ 開発者
- ▶ プロダクトオーナー
- ▶ スクラムマスター

この3つの役割を持つメンバーの集合がスクラムチームです。

> スクラムチームは、プロダクトゴールを達成するためのチームで、通常は一人のプロダクトオーナー、一人のスクラムマスター、複数人の開発者で構成されます。

5つのイベント

スクラムで、決められた期間（1週間や2週間など）の活動サイクルを「スプリント」と言います。スプリントの中で、4つのイベントを行います。

スクラムの5つのイベント

- ▶ スプリント
- ▶ スプリントプランニング
- ▶ デイリースクラム
- ▶ スプリントレビュー
- ▶ スプリントレトロスペクティブ

1つのスプリントが終わると、また新たなスプリントが始まります。その中でデイリースクラム、プランニング、レビュー、レトロスペクティブのイベントが繰り返されます。

3つの作成物

　スクラムの過程で3つの作成物ができます。

スクラムの3つの作成物

▶ プロダクトバックログ
▶ スプリントバックログ
▶ インクリメント

　プロダクトバックログは、プロダクトで実現したい機能を含むやるべき仕事のリストです。スプリントバックログは、スプリント内で行う仕事のリストで、スプリントごとに更新します。インクリメントはスプリントの終わりに作成された成果物で、バックログに記載したアイテムが完成した状態です。プロダクトゴールに向かうチェックポイントとなります。

　「バックログ」は日本語で「残務」「未処理分」という意味です。

> **POINT**
> ・スクラムには「3-5-3」と呼ばれる基本構造がある
> ・3-5-3は「3つの役割」、「5つのイベント」、「3つの作成物」
> ・スクラムの活動サイクルは「スプリント」と呼ばれる

スクラムチームのポイント

スクラムは「スクラムチーム」と呼ばれるチーム単位で
進めていきます。まずは、スクラムチームがどのよう
なものかを押さえておきましょう。

スクラムチームに必要なこと

スクラムは、「スクラムチーム」という小さなチームで進めていきます。
P027でも触れましたが、スクラムチームを構成するのは「プロダクトオー
ナー」、「スクラムマスター」、「開発者」という3つの役割（ロール）に
属するメンバーです。

小さな組織で、最小単位のスクラムチーム以下にサブチームなどの階
層は存在しません。ひとつの目的（プロダクトゴール）達成するための
チームです。

スクラムチームは自己管理型で、スプリント内で誰が何をどのように
するのかをチーム内で決定し、各スプリントで成果を出すためのスキル
と権限をもちます。

数人の小さなチームなので、全社的な導入が難しいかと
いうと、そうではなく、拡張する仕組みも用意されてい
ます。大規模にスクラムを導入する場合はP185をご参
照ください。

平等性

スクラムチーム内では、ロールの違いはあるにせよ、目的を達成する
ために平等で協力することが大切です。

たとえば「この方法はあまり上手くいきそうにないけど、キャリアが

長い人がそう言っているのだから黙って従おう」という状況は、スクラムチームでは許されません。目的を達成するためのすべてのことを話し合い、工夫して実現していきます。

　もしやり方が悪かった時は、実際にふりかえってカイゼンを行ってチームとして成長していきます。「上司に意見するのはちょっと」という状況は健康的ではありません。スポーツでも、試合中は名前に敬称を付けて呼んだり、敬語を使うなどの気遣いを捨てて指示を出し合い、勝利を目指すのと同じです。

　スクラムチームで呼び捨てにするほどテンションを高める必要はないですが、もし堅苦しいようであればニックネームで呼び合うなどの工夫もよいでしょう。

ニックネームは、不本意なものにならないよう、本人がどのように呼ばれたいかで決めましょう。

心理的安全性

　スクラムチームでは、チーム内で「心理的安全性」（Psychological Safety：自分の考えや感情を発言しても脅かされないこと）が確保されるべきです。これから試合に臨むのに、何かを言ったらチーム内で脅かされると感じているようでは、十分に結果を出すことは難しいでしょう。

　1999年に心理的安全性を提唱したエイミー・エドモンドソン氏は、心理的安全性が生み出される環境として、以下の2つの要素を挙げています。

心理的安全性が生み出される2つの要素

> ▶ Situational humility：リーダーが「その状況を解決する明確な方法は存在しない」ということを自覚する謙虚さをもっていること
> ▶ Curiosity：メンバーの好奇心

TED：How to turn a group of strangers into a team
https://www.ted.com/talks/amy_edmondson_how_to_turn_a_group_of_strangers_into_a_team?language=ja

そして、心理的安全性が生み出されることで、他人に対し思い切った行動ができるようになるとしています。チームはより多くのことを学び、より多くのことを実現できます。

「他人を蹴落とすか、蹴落とされるか」といった状況では心理的安全性は生まれません。「誰々さんはこれだけ修正しているが、誰々は全然進んでいない」や「成果が一番上がらない人はチームから除外する」といった発言は、他人よりも成果を上げなければならない、他人を助けている場合ではない、という状況を呼びます。周囲のメンバーやリーダーはこういった煽りはやめましょう。煽らずとも好奇心を持って目標を目指せれば結果はついてきます。

　スクラムチームでは、メンバーを知ることで、日々のコミュニケーションはより良くなるでしょう。あらためて自己紹介をしたり、デイリースクラムの中で緊張をほぐすために興味ある話題を聞いたりと、積極的にコミュニケーションをとっていきましょう。

スクラムチームの適切な人数

　Amazonの創始者ジェフ・ベゾス氏はチームの規模について、「ピザ2枚でお腹いっぱいになるくらいの大きさがよい」と言っています。
　大体4〜6人くらいの大きさがパフォーマンスは高いと言われています。人数が増えるとコミュニケーションパスが増えるため、コミュニケーションは難しくなっていきます。

コミュニケーションパス

人数が増えると一見、行える作業が増えて、仕事も早く進むように思いますが、そうとも言い切れないことが多いものです。「コミュニケーションが大切」ということを繰り返しお伝えしていますが、究極は「コミュニケーションがなくても伝わる状態」です。

　よく阿吽の呼吸などと言いますが、人数が多くなるとそのような意思疎通は難しくなります。無駄にコミュニケーションを増やすことのないように、プロダクトゴールを実現できる最小限の人数でスクラムチームを構築しましょう。

　ちなみに、スクラムガイドによるとスクラムチームは10人以下とされています。

　また、開発規模が大きい場合は、同じプロダクトに専念した、複数のまとまりのあるスクラムチームに再編成するのがよいでしょう。この場合は、同じプロダクトゴール、プロダクトバックログ、およびプロダクトオーナーを共有する必要があります。

> **POINT**　・スクラムチームはスクラムを実施する最小単位
> ・スクラムチームは平等性と心理的安全性がないと活性化しない
> ・チームの人数が増えるほどコミュニケーションは取りづらくなる

開発者の役割

スクラムチームの役割のひとつが開発者です。手を動かして実際の制作作業を担う人全般を指します。

機能横断的なチーム

　開発者は、実際にプロダクトを作り出し、インクリメントを提供するための作業を担う人です。プログラムを行うプログラマーはもちろんですが、デザイナーやテスターなども含まれます。プロダクトゴールによっては、マーケティングや営業の担当者が含まれることもあります。

プログラマー以外の人も開発者と呼ぶのは違和感があるかもしれませんが、スクラムでは「スクラムにおける開発者はスプリントを通してインクリメントを達成するために作業する人」を指します。
大切なのは、プロダクトを作り上げるために協力して作業を進めるメンバーであるということです。

　スクラムガイドによると、開発者は「各スプリントにおいて、利用可能なインクリメントのあらゆる側面を作成することを確約する。開発者が必要とする特定のスキルは、幅広く、作業の領域によって異なる」とされています。可能な限り計画を遂行できるメンバーを集めましょう。しかし、全員が計画通り理想のメンバーという状況は少ないかもしれません。完全な新規事業を任された場合などは、その業界においてほぼ素人という場合もあるかもしれません。

　そのような場合こそ、スクラムが効果を発揮するでしょう。スクラムではボトルネックがあった場合などは、スウォーミング（1つのタスク

にチーム全員で取り組むこと）して、問題を取り除きます。チームメンバーで協力して問題を解決するのは一見時間がかかるように見えても、筆者の経験では、結果として早く問題を解決できるケースが多くあります。

開発者の範囲

　プログラマー以外の人でも開発者になる場合があることは説明しました。では品質管理担当やテスターはどうでしょうか？
　スクラムでは、原則としてスプリント内でテストまで完了すべきです。スプリント内で提供するインクリメントはテストも完了している必要があるので、必然的にテスターも開発者に入ることが望ましいです。デザインやマーケティングについても同様です。

開発者に含まれる領域

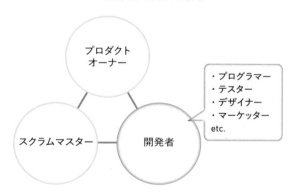

開発者の責任

　スクラムガイドでは、開発者は「スプリントの計画の作成」「完成の定義の遵守」「計画の適応」「専門家としてお互いに責任を持つ」の4つの結果に責任を持つとされています。順に見ていきましょう。

スプリントの計画を作成
　開発者はプロダクトバックログからスプリントバックログを作成します。優先順位付けはプロダクトオーナーが決定権を持ちますが、それぞれのスプリントバックログにどれくらいの作業が必要なのか、実現する

ために必要なことは何か、どうなったら完成するのかをディスカッションしながら決定していきます。

完成の定義の遵守

　開発者はスクラムチームで決めた完成の定義を忠実に守り、インクリメントを作成します。ただコードを書けばいいわけではなく、品質も作り込む必要があります。

計画の適応

　スプリントゴールが達成できるように、日々の作業に計画を適応させます。スクラムでは従来、チームメンバーはフェイス・トゥー・フェイスで仕事するのがよいとされていましたが、離れた場所にいたとしてもオンラインツールなどを利用して常にコミュニケーションをとれるように意識しましょう。

　開発メンバーが困っている場合などは、ペアプログラミングやモブプログラミングを行うとよいでしょう。スプリント中も常にプロダクトゴールを考えて、他のスクラムメンバーと協力しながら作業を行っていきます。困っているメンバーがいれば、協力して問題解決にあたります。

　助け合って進める際に、当初の自分の領域を超えて仕事を進める場合も増えます。このように、スプリントを進めていくとだんだんとチームメンバーのスキルの境界がなくなっていくことになります。このような状態になると理想の開発者に近づいたと言えるでしょう。

互いに責任を持つ

　スクラムはチームとしてフラットな関係でスクラムチームとしてゴールを達成する必要があります。言われたことだけやっているというようなスタンスでは上手くスクラムを実行することはできません。チームメンバー同士で尊敬を持って接し、協調しながらゴールを目指しましょう。

POINT
・開発者はスプリントの計画（スプリントバックログ）を作成する
・開発者は完成の定義を忠実に守ることにより品質を作り込む
・開発者はスプリントゴールに向けて毎日計画を適応させる

プロダクトオーナーの役割

 プロダクトオーナーは、製品の発注主やクライアントのように思えるかもしれませんが、スクラムでは少し意味が異なります。

プロダクトオーナーは価値の最大化が役割

　プロダクトオーナーという役割もパッとイメージするのが難しいかもしれません。言葉の響きから考えると「お金を出してくれる人」や「プロダクトのすべてを決定する人」というように取れます。

　スクラムの中でのプロダクトオーナーはもう少し限定的です。最大の目的はプロダクトの価値を最大化することです。そのための一番大きな仕事は、プロダクトバックログの管理を行うことです。

プロダクトオーナーはスクラムチームのマネージャーではない

　プロダクトオーナーは、スクラムチームから生み出されるプロダクトの価値を最大化することに注力します。企業、組織、スクラムチーム、開発メンバーによって、スキルや置かれている環境、問題解決の方法はさまざまです。

　それらを踏まえてプロダクトの価値を最大化するように努力します。

　間違ってはいけないのが、プロダクトオーナーはスクラムチームのマネージャーではないということです。また、プロダクトオーナーからスクラムマスター、そして開発メンバーという上下関係があるわけでもありません。

プロダクトオーナーの役割

▶ プロダクトゴールを策定し、明示的に伝える
▶ プロダクトバックログアイテムを作成し、明確に伝える
▶ プロダクトバックログアイテムを並び替える
▶ プロダクトバックログに透明性があり、見える化がなされ、
　理解されやすいものにする

出典：スクラムガイド（https://scrumguides.org/docs/scrumguide/v2020/2020-Scrum-Guide-Japanese.pdf）

スクラムチームは階層構造ではない

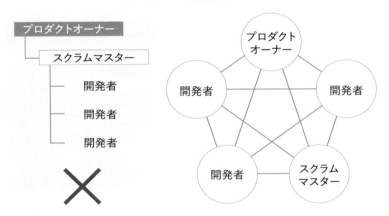

　スクラムチームはフラットな関係です。
　プロダクトオーナーはステークホルダー（利害関係者）のニーズを吸い上げて、プロダクトバックログに落とさなければなりません。
　ステークホルダーとの調整もでき、スクラムチームの一員としてプロジェクトを進められる人が適任です。

プロダクトオーナーを顧客企業から選出する場合もあると思いますが、敬意を持ってチームとして協力していける方を選ぶと、スクラムは順調に進みます。

POINT
・プロダクトオーナーはプロダクトバックログの管理を行う
・プロダクトオーナーの使命はプロダクトの価値を最大化すること
・プロダクトオーナーはスクラムチームのリーダーではない

スクラムマスターの役割

スクラムマスターは「マスター」という名前がついた役割ですから、チーム内で一番上位の役割と考えられがちです。ですが、これまで何度もお伝えしてるように、スクラムチームに上下はありません。

スクラムマスターはスクラムのサポート役

　スクラムマスターの「マスター」は、チームのマスターという意味ではなく、「スクラムをマスターしている」という意味です。スクラムガイドで定義されたスクラムを理解し、スクラムチームが正しくスクラムを行えるように支援することが役割です。

スクラムチームを支援する

　日々のスクラムイベントがうまくいくようにサポートすることが、スクラムマスターの役割です。スクラムメンバーがスクラムの進め方について疑問を持っていれば、スクラムマスターがその疑問を解決します。
　スクラムイベントやプロダクトの開発がうまくいっていない時に、スクラムの進め方のどこが問題なのか、どんな阻害要因があるのかをスクラムチームがディスカッションし、問題を探し出し、改善案を出すサポートを行います。

スクラムマスター自らが改善案を出すのではなく、スクラムチームとして解決を行えるように、改善できるように支援することが役割です。

かつては「サーバントリーダー」という言葉とともにチームを陰から支えるといったイメージが先行していましたが、スクラムマスターはチームの一員であるとともに、スクラムチームを成功に導く真のリーダシップが必要になります。

さまざまな形でスクラムチームを支援する

　スクラムマスターのチームへの貢献は多岐に渡ります。

スクラムマスターの支援内容

- ▶ チームメンバーをコーチする
- ▶ インクリメントの作成に集中できるよう支援する
- ▶ スクラムチームの進捗を妨げる障害物を排除するように働きかける
- ▶ スクラムイベントが正しく開催されるようにする
- ▶ 明確で簡潔なプロダクトバックログアイテムの必要性を理解してもらう

出典：スクラムガイド（https://scrumguides.org/docs/scrumguide/v2020/2020-Scrum-Guide-Japanese.pdf）

　これらはスクラムマスターの責務です。

　また、スクラムマスターはプロダクトオーナーをサポートしてスクラムを進行します。とくにプロダクトバックログについては、プロダクトオーナーが上手に管理できるように協力します。

　そのほかにも、プロダクト計画の策定の支援やステークホルダーとスクラムチームの協調、組織に対するスクラムの導入指導といったことも行い、スクラムチームが力を発揮できるようにします。

> **POINT**
> ・スクラムマスターはスクラムを正しく進められるように支援する
> ・支援が役割であり、自らが改善策を提示したりはしない
> ・スクラムチームが力を発揮できるように障害などを排除する

スクラムイベントとスプリント

スクラムの「3つの役割」が確認できましたので、次に「5つのイベント」を見ていきます。まずは、スクラムイベント全体とスプリントについて確認しておきましょう。

スクラムイベント

　スクラムでは5つの基本的なイベントを通して、プロダクトを完成まで進めていきます。

　①スプリント
　②スプリントプランニング
　③デイリースクラム
　④スプリントレビュー
　⑤スプリントレトロスペクティブ

　スクラムイベントは、会議の設定やスケジュール調整などが煩雑にならないように、毎回同じ場所、同一の時間帯に行います。場所と時間帯を統一することにでリズムが生まれ、サイクルに慣れていきます。毎回時間を変えると参加できない人が出てきたり、忘れる人が増えたりするので、決まった場所・時間帯で実施することは重要です。

スクラムを進めていくうちにいろいろな定例を作りたくなるかもしれませんが、その場合は5つのスクラムイベントを見直しましょう。まずは5つのスクラムイベントを正しく実行することを目指します。それでも足りない場合に期間限定または単発のミーティングを補完的に行うのがよいでしょう。

スプリント

　スプリントはスクラムを実行する上での基本的な単位です。従来のプロジェクトでいう「バージョン」や「マイルストーン」などが近い感覚かもしれません。スプリントの期間は「1ヶ月以内の決まった長さ」とされています。基本的にはわかりやすいように、カレンダーに沿って週単位の実施になることが多いです。1週間・2週間・3週間・1ヶ月間が単位になります。

　たとえば完全週休二日制で1週間スプリントであれば、月曜日にスプリントが始まり、金曜日にスプリントが終わります。2週間スプリントであれば1週目の月曜日から始まり、2週目の金曜日で終わります。

1週間・2週間・4週間のスプリントの例

　もちろん、月曜日からスプリントを始める必要はありません、チームで実施しやすい曜日設定をしましょう。仮に木曜日始まりの2週間スプリントであれば次のようになります

木曜日始まりの2週間スプリント

月曜日はハッピーマンデーで休日になる場合が多く、火曜日はその振り替えの行事が休み明けに入ることがあり、金曜日は有給をとって連休にする人も多いです。休みによるイベントの影響を受けにくくするため、水曜日や木曜日始まりのスプリントを選択するのも選択肢のひとつです。

スプリントの長さの決め方

　スプリントの長さは開発する製品やメンバーの人数、デプロイするまでの手続きなど、いろいろな要素に左右されますが、期間が短いほど学習の結果を次のスプリントに生かすことができるため、効率化のスピードも上がります。2週間、可能であれば1週間から始めるとよいでしょう。

　スプリントの長さは一度決めたら変更しないことが望ましいです。今週は1週間、来週は2週間、次はまた1週間に戻して —— となると、1スプリントで消化できる作業の見積もりも難しくなります。

スプリントの進み方

　スプリントが終わると、次のスプリントが始まります。スプリントの中に後述するスプリントプランニング、デイリースクラム、スプリントレビュー、スプリントレトロスペクティブがすべて内包されます。一般的には、プランニングではじまり、レトロスペクティブで完了します。

もちろん、さまざまな要因でどうしてもスプリントがうまく回らない場合は、スプリントの期間を見直すことも可能です。なんらかの理由で変える場合は、変更したらしばらくは同じ長さで進めましょう。

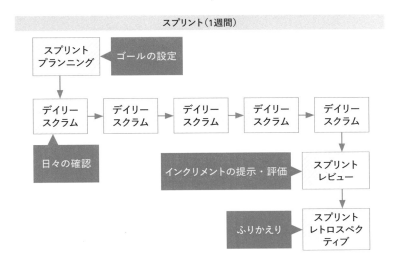

スプリントの進行の例

　スプリントが始まったら、スプリントゴールの達成を難しくするような変更などは行いません。新たな作業を行うことによって、もともと決めていたゴールの達成が難しくなるのであれば、追加せずに元のゴールに向かって進みます。

　同様に当初決めた品質から下がるようなことも避けます。もちろん、スプリントを開始した時点では想定できなかった事態が起きたり、必要な機能が漏れていたといったケースもあるでしょう。

　そのような場合はスプリントゴールを達成するために何が必要で何が必要でないのかを検討し、スプリントバックログのリファインメントを行います。ゴールのためにプロダクトオーナー、スクラムマスター、開発者が話し合い、調整してゴールに向かいます。

スプリントを重ねることで成長する

　スプリントを繰り返すことで、チームは成熟していきます。スプリントの終わりには毎回、スプリントゴールを達成できたかの検査を行います。次のスプリントでもっとうまく進めるためのふりかえりを行い、次のスプリントではどう改善するかを検討します。この学習サイクルこそがスクラムの特徴であり、スクラム成功の鍵となります。

　学習の効果を最大化するためには、スプリントは可能な限り短いほうがよいです。長くなるほど多くの要素を抱え込むため、不確定な要素が増えてしまいます。スプリントゴールの達成も難しくなり、何が悪かったかも特定しづらくなります。

ゴールを達成できないことが見込まれる場合

　スプリントゴールやプロダクトゴールを達成できないような場面では、プロダクトオーナーはスプリントを中止する権限を持ちます。

　ですが、短いスプリントの場合、中止して新たなスプリントを開始する準備をするよりも、スプリントのゴールを見直してそのままスプリントを継続するほうが効率がよい場合もあります。

　スプリントゴールの見直しを毎回行うようでは、スクラムの運用のどこかで問題が発生していると言えます。このような時は、スクラムの進め方全体の見直しを行いましょう。

> **POINT**　・スプリントはスクラムを実行する上での基本的な単位
> 　　　　　　・スプリントの期間をベースにスクラムを進めていく
> 　　　　　　・スプリントには4つのイベントが内包されている

スプリントプランニングとは

 スプリントプランニングは、スプリントをどのような進める かの計画です。スプリントゴール、およびスプリントバックログをチーム全員でディスカッションして決定します。

スプリントプランニングの意義

　スプリントはスプリントプランニングではじまります。スプリントをどのように進めるかの計画を立てます。スプリントの計画を立てるのはスクラムチーム全体です。上司からスケジュールを渡されて「いつまでに何を行ってくれ」というような一方的なものではなく、チームで話し合ってプランニングを行います。

　プロダクトオーナーは事前にスプリントで達成したい機能を考え、バックログを準備しておきます。バックログの準備にはチームも協力します。スプリントプランニングでは、次の事項を決定します。

スプリントプランニングで決めること

- ▶ スプリントゴールは何か
- ▶ このスプリントでどこまで行うか
- ▶ インクリメントをどのように作るか

　スプリントプランニングでスプリントゴールが決まり、今回のスプリントで実施するスプリントバックログアイテムが決まり、さらにそのアイテムを実際にどのように実行するかの見通しが立った状態になります。これで、スプリントを開始する準備が完了です。

スプリントプランニングの進め方

スプリングプランニングでは、事前に準備されたバックログについて1つずつプロダクトオーナーから説明を行い、開発者がそれについての質問をし、実現可能にするためにディスカッションを行います。

スクラムガイドでは、スプリントが1ヶ月の場合で最大8時間とされています。スプリント期間が短ければ、それに応じて時間も短縮しましょう。1週間スプリントであれば最大2時間です。慣れてくれば1時間半などで実行することも可能です。

それぞれのバックログアイテムにポイントを付けたりして作業見積もりを行いますが、チームでの共通認識ができることが大切です。

実際の手続きについては、P115を参照してください。

スプリントプランニング

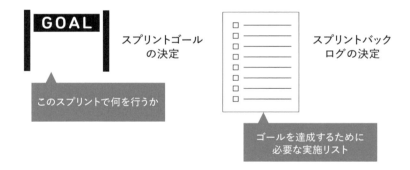

デイリースクラムとは

デイリースクラムは、スプリントの期間中に毎日行うミーティングです。たんなる進捗報告だけでは、スクラムが機能不全を起こしてしまいます。

デイリースクラムの目的

　デイリースクラムの目的は、スプリントゴールを達成するという確約のために作業が滞りなく行えるようにすることです。単なる進捗報告会にならないように注意しましょう。一般には15分程度の時間をとります。

　スクラムを経験したことのある人の場合は次のような質問を経験したことがあるでしょう。

デイリースクラムでよくある 3 つの質問

- ▶ 昨日行ったことは何か
- ▶ 今日は何を行うか
- ▶ 問題はあるか

　ですが、この質問に答えるだけでは不十分です。これらの3つを聞かなくともスプリントゴールを達成するための作業が滞りなく行えているかの確認をすればよいです。

この質問をしても開発者がみな「問題ないです」と答えるような状況では、おそらくしっかりとした確認はできていないと考えられます（もちろん、本当に順調であれば問題ありません）。

デイリースクラムで話す内容

もしスプリントゴールを達成できそうにないと感じた時や、バックログアイテムを実施している中で問題を発見した場合、他の開発者と協調して進めなければいけない問題、実装方法などでの悩みがあれば、デイリースクラムで相談しましょう。もちろんそれ以外のことでも相談してかまいません。なお、時間オーバーすることが多ければ、はじめから＋15分程度の枠を取っておき（パーキングロットと言います）、追加議論が必要な場合は関わるメンバーが居残って話し合うようにすることで、デイリースクラム自体は時間内に終わらせましょう。

デイリースクラムで相談することの例

デイリースクラムでコミュニケーションを密にとることで、障害物の特定と解決のための意思決定を迅速に行えます。デイリースクラムが機能すれば他の補完的な会議は必要ないといっても過言ではありません。

デイリースクラムで重要なのは、自分達がしていることの理由やスプリントゴールを達成するために必要なことについて議論することです。

POINT
・デイリースクラムはスプリント中に毎日行う
・進捗報告だけでなく、問題点がある時はディスカッションする
・毎日行うことで障害の特定や解決のための意思決定が迅速になる

スプリントレビューのポイント

 スプリントレビューでは、スプリントの結果を検査します。スクラムチームの外にいるステークホルダーに成果物を提示して、レビューを受けたり、スプリントの結果を踏まえ、今後の方向性をディスカッションしたりします。

スプリントの結果を検査する

スプリントレビューの大きな目的は次の3つです。

スプリントレビューの目的

▶ スプリントで行ったことの検査
▶ スプリントゴール達成の確認
▶ プロダクトゴールの確認

　スプリントレビューは、スプリントの成果を確認して、今後のプロダクトの方向について話し合う場です。

　スクラムチームのメンバーだけでなく、主要なステークホルダーにも参加してもらい、スプリントの成果を確認してもらいます。実際にデモなどを行い、今回のスプリントで何が変わったのかを伝えます。スクラムガイドでは、1ヶ月のスプリントで最大4時間と記載されています。スプリントの長さに応じて調整しましょう。

スプリントレビューの流れ

　スプリントレビューでは、そのスプリントゴールが何であるかを改めて提示します。スプリントゴールの共有が終わったら、実際にスプリントで達成された内容をレビューしていきます。アプリケーションの場合であれば実際に動くところを見せたり、結果のアウトプットの内容を精査したりします。大切なのは進捗報告会にならないことです。

「期待通りの機能になっていますか?」
「今回のレビューを見てどのように感じましたか?」
「不安になることはありますか?」
「今後のプランに変更は出そうですか?」

　といった質問をして参加者の意見を出し合います。また、メンバーからもスプリントを進めていく中でわかった事実やリスクなどを共有し、今後の方針について一緒に考えられるようにします。

スプリントレビューによってゴールの変更もありうる
　新しく追加された機能によって、より良いゴールが考えられる場合もあるでしょう。その場合、プロダクトゴールが変更されるかもしれません。
　プロジェクトでは実際に動くものを見てはじめて気づくこともあります。その気づきによりプロダクトの方向が変わることもあります。スクラムはこの「気づき」を早く見つけられるように短いサイクルで開発を繰り返します。
　スプリントレビューを単なる報告会にするのではなく、ステークホルダーと共にプロダクトの方向性を決める会にするようにしてください。

POINT
・スプリントレビューは単なる進捗報告会ではない
・ステークホルダーとの対話が重要
・今後の適応を決定する場にする

スプリントレトロスペクティブ
とは

スプリントレトロスペクティブの目的は、品質と効果を高める方法を計画することです。スプリントの最後に行うことが多く、日本語では「ふりかえり」などと呼ぶことが多いです。

スプリントをスクラムチームでふりかえる

スプリントで行われたことについてスクラムチームでふりかえりを行います。

ふりかえる内容については、スプリント内で起きたことであればなんでもかまいません。スプリント内のことでなくても、次のスプリントや今後のスプリントの改善につながるのであれば、ディスカッションするとよいでしょう。

それまでのプロジェクトの進め方でも、スプリント内で起こった問題点でも、働きづらい何かの要因についてでも、なんでもかまいません。スクラムマスターを中心に話し合いを行います。

スプリントレトロスペクティブで話す内容は自由

ふりかえりのポイント

　ふりかえりでは、より良いスクラムチームになるように、改善のための行動まで決めていきます。この時に完璧な解決には至らなくとも、ほんの少しでも前進できるような改善策が生まれればよいでしょう。

　ただふりかえるだけだといつまでも改善しないので、具体的なアクションまで決め、それを次のスプリントのバックログアイテムに追加するようにします。

やってはいけないこと

　レトロスペクティブで一番陥ってはいけないのは、問題を追及するあまり、スクラムメンバー個人を責めたりする状況です。スクラムはチームで行うものなので、個人を責めてしまうと、チームメンバーの心理的安全性が脅かされてしまいます。あくまでも問題を解決し、スクラムメンバーが安心して進められるような解決を目指します。

時間を決める

　開催時間はスプリント自体の期間にもよります。スクラムガイドではスプリントが1ヶ月の場合、最大3時間とされています。1週間スプリントであれば、1時間程度を取るとよいでしょう。無駄に長くする必要はないですが、十分にスプリントをふりかえれる時間を取り、決めた時間で終わらせるようにしましょう。

> **POINT**
> ・スプリントレトロスペクティブはスプリントのふりかえりを行う
> ・改善策をディスカッションして具体的な行動をバックログアイテムに追加する
> ・メンバー個人を責めたりする状況に陥らないように注意する

スクラムの作成物

「スクラムの3-5-3」（P026）でも触れたように、スクラムには3つの作成物が存在します。ここでは、それらをまとめて紹介しましょう。

スクラムの作成物

スクラムの作成物は、従来の開発での納品物とは考え方が少し違います。P013で紹介した「アジャイルソフトウェア開発宣言」には、「包括的なドキュメントよりも動くソフトウェア」とあります。

動くソフトウェアを作成し続けることを常に優先するので、ドキュメントは最低限のものに絞られます。

ドキュメントの価値の違い

従来の方法では開発では、開発を始める前に要求仕様書、画面仕様書、詳細設計書などといった一連のドキュメントが次々に生成され、その後にやっと開発がスタートしていました。

スクラムにおいては、ドキュメントは本当に必要な場合にしか作成しません。ドキュメントを多く作成すると、そのドキュメントを更新する負担がかかり、更新されないドキュメントが増えるほど読まない人も増えていきます。ドキュメントの管理はプログラムの管理以上に難しいため、スクラムではドキュメントを作成物に含みません。

スクラムで作成物とされるものは、プロダクトバックログ、スプリントバックログ、インクリメントの3つです。

それぞれの作成物に対応する確約（コミットメント）は次のようになります。

▶ プロダクトバックログのためのプロダクトゴール
▶ スプリントバックログのためのスプリントゴール
▶ インクリメントのための完成の定義

スクラムの作成物にまつわる誤解

　ここまでの説明を聞いて、「スクラムは作成物が少なく、責任も少なくてやりやすそう」と感じる方がいれば、その考えは誤解です。厳しく言えば、世の中に蔓延る "なんちゃってスクラム" の多くはこのスタート地点で間違いを犯しています。

　かつてはよく「スクラムだからドキュメントは作らなくてよい」「スクラムだからできあがるかどうかはわからない」「細かく指示されないから、自由に進められる」といった発言を耳にしました。
　そんな夢のような開発がスクラムだと思っているのであれば、スクラムでは無い何か別の方法を探してみてください（ぴったりのものは存在しないかもしれませんが）。

　スクラムは自律型の組織なので、チームで決定する裁量を持ちます。そしてスプリントゴールを積み重ねて、最後にプロダクトを完成させることを目指します。
　そのために、チームは中長期の目標としてプロダクトゴールを設定し、そのプロダクトゴールに基づいて、各スプリントのスプリントゴールを決めます。各スプリントゴールを実現するために、完成の定義を満たすインクリメントを作成します。
　これらがスクラムの作成物です。その他の作成物もプロジェクトを進める上で発生するかもしれませんが、最終的なプロダクトを作るために必要なものはこの3つになります。

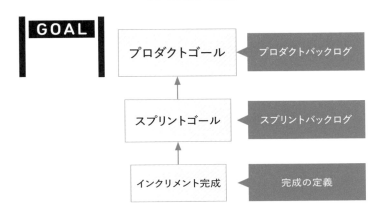
3つの作成物の関係

プロダクトバックログとは

　プロダクトバックログにはプロダクトを完成させるために必要なものが一覧されています。プロダクトバックログには、ユーザーに価値を与える機能が並んでいます。プロダクトバックログは無秩序な機能の集まりではなく、優先順位の付いた一覧です。

　プロダクトオーナーは常にこのプロダクトバックログをメンテナンスし、優先順位を更新します。また機能に過不足がないかを確認しアップデートを繰り返します。

プロダクトバックログ（Jiraで作成した場合の例）

> ✓ **バックログ** (7 件の課題)　　　　　　　　　　　　　19 〇〇　スプリントを作成
>
> 🔲 SCRUM-4　営業メンバーとして顧客訪問予定を記...　　　3　TO DO ∨　😊
>
> 🔲 SCRUM-1　社内メンバーとして、営業メンバーの予...　　5　TO DO ∨　😊
>
> 🔲 SCRUM-6　管理者として新規メンバーの情報を入力したい。　1　TO DO ∨　😊
>
> 🔲 SCRUM-7　営業メンバーとして直行直帰の予定を記録したい。　1　TO DO ∨　😊
>
> 🔲 SCRUM-2　営業メンバーとしてログインしたい。　　　　3　TO DO ∨　😊
>
> 🔲 SCRUM-3　社内メンバーとして今日の日付などを確認したい。　1　TO DO ∨　😊
>
> 🔲 SCRUM-5　営業メンバーとしてお客様のお客様の情報を確認した...　5　TO DO ∨　😊
>
> ＋ 課題を作成

プロダクトゴール

　プロダクトゴールはプロダクトが将来たどり着く状態を表しています。プロダクトゴールは、達成するまでスクラムチームの目標となります。プロダクトゴールが達成されたら、新たなプロダクトゴールを設定していくことで、プロダクトを成長させることができます。プロダクトはステークホルダーやユーザーに対して価値を提供する手段です。

　　プロダクトが完成するだけではプロダクトゴールを達成したことにはならず、プロダクトを通して価値を提供できてはじめてプロダクトゴールに達したことになります。

スプリントバックログとは

　スプリントバックログは、プロダクトバックログからスプリント内で完了させるためにアイテムを抜き出したものです。プロダクトバックログの時点で優先順位が付いているので、当然スプリントでその優先順位に従います。

　スプリントプランニングを通して、スクラムチームはどのプロダクトバックログをスプリント内で完成させるかを決定します。スプリントバックログはスプリント中に開発者が行っている作業の状態が反映されます。スプリントバックログの状態を見れば、現在のスクラムチームの状況を理解できます。

　スプリントバックログの大きさは、デイリースクラムで話し合える程度が望ましいです。スプリントバックログアイテムが大きすぎる場合は、分割するなどして小さくしましょう。

スプリントバックログ（Jiraで作成した場合の例）

スプリントゴール

　スプリントゴールはスプリントの目的です。プロダクトバックログからスプリントバックログを決定する際、開発者は内容を理解し、そのスプリントで何を成すかにコミットします。つまり、スプリントゴールをスクラムチーム全員が理解し、スプリントで何を成すのかを理解することが大切です。ゴールがわかればスプリントバックログとして何を選ぶのか、どのように実装するのかなどを決められるようになります。

インクリメントとは

　インクリメントはスプリントが終わった時に完成しているプロダクトです。スプリントごとにゴールが決められていますから、以前のインクリメントの上に新しいインクリメントが作成されていきます。過去のスプリントゴールとして達成された機能は、取り消されない限り問題なく動くことが保証されます。

　インクリメントは完成の定義を満たされたものなので、完成の定義を満たさない仕掛かり中のプロダクトバックログアイテムなどは、インクリメントには含まれません。スクラムチームはインクリメントを作成し続けることでプロダクトゴールに近づいていきます。

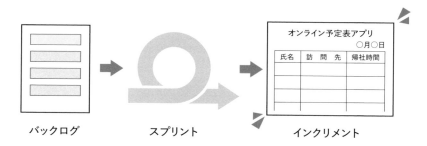

バックログ　　　　　スプリント　　　　　インクリメント

完成の定義

　これは、どのような状態になったらインクリメントの完成とするかの定義です。これが満たさなければ完成したといえない条件、とも言えます。スクラムチームとして何が必要かはディスカッションする必要があります。

　たとえば、次のようなものがあるしょう。

▶ ユニットテストが実行されている
▶ 受け入れテストが完了している
▶ バックログアイテムの受け入れ条件が満たされている
▶ スプリントゴールが達成されている

　これらの内容が完了していないとインクリメントが完成しない、と組織全体の共通認識として持つ必要があります。常に参加するメンバーが意識するもので、複数のチームがあったとしても共通の完成の定義を作成する必要があります。

　作成された完成の定義は、メンバーすべてが見える場所に共有しておきましょう。

スプリントゴールの先にプロダクトゴールがある

　スクラムで大切なのは、常にプロダクトゴールを意識して作業にあたるということです。プロダクトのゴールを意識せずに、淡々とスプリントバックログアイテムを消化するだけでは、価値あるプロダクトにはならないでしょう。

プロダクトゴールを意識することにより、さまざまな判断を的確に行うことができます。しかし、プロダクトゴールだけでは大きすぎて、判断を誤ってしまうかもしれません、そこでスプリントごとの小さな単位でゴールを設けています。

　スプリントゴールを満たすためには、プロダクトバックログアイテムの受け入れ条件を満たす必要があり、完成の定義を満たす必要もあります。
　チームがプロダクトゴール、スプリントゴールにコミット（確約）し、完成の定義を満たすことによって、ユーザーが利用できるインクリメントを提供することができます。

　スプリントバックログアイテムを完成させることによって、大きなゴールの一部分が完成します。プロダクトゴールに対して小さな一歩かもしれませんが、スプリントでスプリントバックログアイテムを着々とこなして、大きなゴールを引き寄せましょう

POINT
・スクラムの作成物は3つある
・スクラムはドキュメントよりも動くソフトウェアが優先される
・スプリントバックログのアイテム完成を積み重ねてプロダクトゴールを目指す

小さな会社で
スクラムを実践する

ここでは、スクラムを順番に進めていく際
の、各工程での実践的なノウハウを解説し
ていきます。基本的にオンラインを前提に、
小さな会社で予算がふんだんではないケー
スを想定していますので、すぐに始められ
るノウハウが満載です。

まずはチームキックオフから

小さな会社の場合、これまでの経験なども限られているでしょうから、理想的なチームをいきなり組むというのは難しいでしょう。まずは現状のメンバーでチーム作りを始めてみましょう。

いまいる人材でチームビルディングする

　スクラムを始めるのに高価なマシンや設備は必要ありません。スクラムガイドに従えば、だれでもスタートすることができます。

　スクラムのエキスパートを採用するのもひとつの手ですが、とくに小規模の会社やプロジェクトであれば、予算が許さなかったり、すぐには見つからない場合も多いでしょう。まずは現在のメンバーでスクラムを始めてみましょう。

　はじめてのスクラムであれば、まずは役割を明確にして、スクラムチームを決定しましょう。

プロダクトオーナーの適性

　プロダクトオーナーは、ステークホルダーやメンバーに対してビジョンを魅力的に伝える能力や、困難な問題があっても挫けず解決する熱意のある方がよいでしょう。また何よりもさまざまな決断を行うことができる人が望ましいです。

プロダクトオーナーに求められる資質

- ▶ 魅力的にプロダクトを語れる
- ▶ 困難なことがあっても諦めない
- ▶ 決断力がある

スクラムマスターの適性

　スクラムマスターにはスクラムの知識が必要です。スクラムガイドを読みながら進めてもよいですが、可能であればスクラムの研修を受けるとよいでしょう。開発の知識やプロダクトの知識があるに越したことはありませんが、もしなかったとしても、スクラムを通じて学んでいけます。アジャイルやスクラムに興味を持っている人を選びましょう。

スクラムマスターに求められる資質

- ▶ スクラムに詳しい（もしくは興味がある）
- ▶ 仲間が困っていることなどに気が付く
- ▶ 時間を意識した会議進行ができる

開発者の適性

　開発者については、選択肢がある場合は、継続的インテグレーションやドメイン駆動設計、テスト駆動開発などに興味のある開発者が適しているでしょう。デザイナーの場合も、システム側のことやUI/UXに興味のある人がよいです。さらに可能であれば、他の領域の知識や経験があったり、学習意欲が高い人がスクラムに向いています。チームとして活動する中でスウォーミングでチームを助けたり、新しいスキルでさらにチームを強化できるかもしれません。

開発者に求められる資質

- ▶ 新しい技術の習得に熱心
- ▶ 協調しながら作業を進められる
- ▶ 目的を考えてコーディングできる

正しいスクラムを進めるためのポイント

　始める前に、最低限スクラムガイドには目を通しておきましょう。いきなり読み始めるとかなりハードルが高い文書ですが、本書で用語の意味や内容などをある程度押さえておけば、読み進められると思います。
　また、可能であれば各自で外部の研修などに参加するとよいでしょう。

ある程度の人数がいる場合は、会社に出向いて研修を行ってくれるところもありますので検討してみてください。

　また、アジャイルコーチ・スクラムコーチとして外部メンバーを呼び込むこともできます。とくにスタート時期などはやり方がわからないので、スピード感を持って正しい方向に進みたい場合は、なんらかの外部からの協力も検討してみましょう。

時間はかかりますが、じっくりとスクラムチームでふりかえりを行い、改善しながら進めることをお勧めします。"自分ごと"としてプロジェクトへの強い想いがあれば、スクラムを通じてチームを強化していけるでしょう。ただし、自社のみで進めると独自ルールが増えがちなので、セミナーやカンファレンス（Scrum Interactionなどが開催されています）で情報収集を行い、軌道修正を図ってください。

できることから始めよう

　スクラムを実施しようとした時に、とくに小さな会社の場合、スクラムガイドや本書で解説している物事をすべて用意するのは難しい状況もあるかもしれません。プロダクトオーナーやスクラムマスターが用意できない、ミーティングが設定できないといったこともあるかもしれませんが、実施可能なところから行ってみてください。

　ユーザーストーリマッピングを作ってみる、朝会という名目でデイリースクラムだけやってみる、ふりかえりを試してみる ── ほんの少しでも進めてみると状況に変化が出てきますので、ぜひチャレンジしてみてください。

POINT
・スクラムチームのメンバーの役割を明確にする
・スクラムチームのメンバーに求められる資質に合わせて選ぶ
・スクラムガイドなどの"正しい基準"をしっかりと確認する

ゴール設計と
ビジョンステートメント

スクラムを始めるにあたり、まず大きな方向性をしっかり定めておかないと、プロダクトゴールやスプリントゴールもブレてしまいます。ここではプロダクトゴールの前段階で決定しておく必要のあることについて解説します。

プロダクトゴールの前に決めておくこと

「スクラムは目前の課題を繰り返して進むからゴールは不要」と思っている方もいるかもしれませんが、大きな間違いです。スプリントは闇雲に積み重ねられるのではなく、プロダクトゴールを向かうべき目標として繰り返されていきます。

ただし、いざプロダクトゴールを書こうとしても、どのようなものを作成すればいいか悩んでしまうものです、プロダクトゴールはプロダクトのビジョン、さらにはそのベースとなる組織のビジョンに沿って導かれるものです。

スクラムのゴールの階層

スプリントゴール
　スプリントゴール
　　スプリントゴール
　　　スプリントゴール
　　　　プロダクトゴール
　　　　　プロダクトビジョン
小さな会社では、組織のビジョン＝
プロダクトビジョンとなることもある　　　組織のビジョン

　企業は会社の規模を問わず、ビジョンを実現するためにミッションをこなし価値を提供します。企業の存在意義を社会と共有するために、このビジョン（Vision）、ミッション（Mission）、価値（Value）の3つの言葉の頭文字をとった「MVV」がよく制定されます。

MVV

Mission
企業の使命

Vision
企業が目指す将来像

Value
企業の行動指針・価値基準

　MVVそれぞれの日本語での定義はバリエーションがありますが、企業としてどこに向かうために何を行っていくを定めたものです。Missionを言語化したものを「ミッションステートメント」、Visionを言語化したものを「ビジョンステートメント」と言います。

小さな会社であっても、これらを言語化しておくことは大切です。まだ存在しない場合は、これを機に制定することをお勧めします。詳しくは後述します。

プロダクトのゴールは企業のゴールに影響される

　プロダクトの先には企業のゴールがあります。企業のゴールに沿わないプロダクトゴールを設定しても、達成が困難なだけです。

　そのため、プロダクトゴールを設定する前に、組織にビジョンステートメントやミッションステートメントがないか確認する必要があります。

ミッションステートメントとビジョンステートメントの例

　いくつかみなさんも知っている著名な企業のミッションステートメントやビジョンステートメントを見てみましょう。

日本コカコーラのステートメント

私たちの使命：
　　世界中をうるおし、さわやかさを提供すること。
　　前向きな変化をもたらすこと。

私たちのビジョン：
　　私たちは、世界中で愛されるブランドや、丹精込めて作り上げている様々な飲料を通じ、心身ともに人々をうるおし、さわやかさを提供してまいります。より明るい未来を築くべく、持続可能なビジネスの実現を通じ、あらゆる人々の生活、地域社会、そして地球にとって前向きな変化をもたらすことを目指します。

https://www.cocacola.co.jp/sustainability/company-mission

トヨタグローバルビジョン

笑顔のために　期待を超えて

人々を安全・安心に運び、心までも動かす。
そして、世界中の生活を、社会を、豊かにしていく。
それが、未来のモビリティ社会をリードする、私たちの想いです。
一人ひとりが高い品質を造りこむこと。
常に時代の一歩先のイノベーションを追い求めること。
地球環境に寄り添う意識を持ち続けること。
その先に、期待を常に超え、お客様そして地域の笑顔と幸せに
つながるトヨタがあると信じています。
「今よりもっとよい方法がある」その改善の精神とともに、
トヨタを支えてくださる皆様の声に真摯に耳を傾け、
常に自らを改革しながら、高い目標を実現していきます。

https://www.toyota.co.jp/jpn/company/history/75years/data/conditions/
philosophy/globalvision.html

ステートメントの制定

　ビジョンステートメントやミッションステートメントがまだ存在しない場合は、次のように制定していくといいでしょう。

ミッションステートメントに書くこと

ミッションステートメントは企業の存在意義や社員全体と共有する価値観、行動指針などを文章で表します。

「顧客・製品・サービス・技術などに企業がどのように取り組んできたか」、「これまでの歴史で大切にしてきたことは何か」、「社会は自分達に何を求めているか」を書き出してまとめてみましょう。

ミッションステートメントは短めの文章でわかりやすいものにするとよいです。

ビジョンステートメントに書くこと

ビジョンステートメントは「企業が将来どこに進んでいくのか」を書きます。未来のゴールや理想像の文章化です。もちろん、ミッションステートメントと合致する内容にしなくてはなりません。

目的は大きなゴールを共有すること

余裕があればバリューに関しても制定するとよいでしょう。必ずしもMVVのすべて作成する必要はありません。ここでの目的は、所属するスクラムチームのメンバーが大きなゴールを意識できるようにすることです。

全社のビジョンを決めるようなポジションでなければ、経営層や上司に聞いてみたり、想像で作成してみましょう。会社の魅力や進むべき道が見えてくるはずです。

これで企業の向かうべき方向が決まりました。次にプロダクトの方向性について考えていきましょう。

小さな会社であれば、直接経営陣に会社の歴史や設立目的など聞いてみましょう。新たな発見や、会社で一丸となって進んで行くきっかけにつながるかもしれません。

POINT
・スクラムにも大きなゴールの制定は不可欠
・プロダクトのゴールは企業のゴールに沿った形にする
・ビジョンステートメントやミッションステートメントは企業のゴールを言語化したもの

Section 03

プロダクトのビジネスモデルを把握する

プロダクトゴールを明確なものにするためには、プロダクトのビジネスモデルを把握しておく必要があります。この把握に便利なのが、「ビジネスモデルキャンバス」や「リーンキャンバス」です。

ビジネスモデルを把握するフレームワーク

　まず、これから作るプロダクトがどのようなビジネスモデルになっているのかを知りましょう。よく利用されているものに「ビジネスモデルキャンバス」や「リーンキャンバス」があります。

ビジネスモデルキャンバス

　「ビジネスモデルキャンバス」はアレックス・オスターワルダーが提唱したテンプレートで、『ビジネスモデル・ジェネレーション ビジネスモデル設計書』（アレックス・オスターワルダー＆イヴ・ピニュール 著、小山龍介 訳／翔泳社）にて紹介されています。

　これは、顧客セグメント、価値提案、チャネル、顧客との関係、収益の流れ、リソース、主要活動、パートナー、コスト構造の9つの枠で構成されます。

　各枠を埋めることで、プロダクトがどのように価値を創造し、顧客に届けられるかを表現することができます。

Chapter 3 ｜ 小さな会社でスクラムを実践する

ビジネスモデルキャンバスの例

パートナー	主要活動	価値提案	顧客との関係	顧客セグメント
・販売パートナー ネットワーク	・アプリ開発 ・UX改善	社内の誰もがわかる簡単な操作で、営業メンバーと社内メンバーで予定の共有ができる	・担当営業	・営業チームのマネージャー ・オンラインツールでの情報共有を始めているチームマネージャー
	リソース ・社内開発メンバー ・パートナー		チャネル ・既存顧客 ・販売パートナー ネットワーク	
コスト構造 ・開発費用 ・ランニング費用			収益の流れ ・利用アカウント数に応じた従量課金 ・1アカウント：100円	

リーンキャンバス

　リーンキャンバスも同様のフォーマットで、9つの枠でビジネスモデルを表します。顧客セグメント、独自の価値提案、チャンネル、圧倒的な優位性、収益の流れ、主要指標、ソリューション、課題、コスト構造の9枠です。

リーンキャンバスの例

課題	ソリューション	独自の価値提案	圧倒的な優位性	顧客セグメント
・メンバーの現在の状況を一覧して把握するのに手間がかかる ・外出中などに予定変更のあったメンバーの行動予定表の記入がされない ・履歴が残らない。履歴を使ってのふりかえりが難しい	・社内メンバーが会議の予定を決めるため営業メンバーの予定を一覧できる ・マネージャーは営業先の検討のため履歴から過去の訪問先を確認できる ・営業メンバーは報告の手間を省くためスマホから報告できる	社内の誰もがわかる簡単な操作で、営業メンバーと社内メンバーで予定の共有ができる	・ホワイトボード予定表の使用経験 ・実際に利用する営業メンバーの経験	・営業チームのマネージャー ・（アーリーアダプター）オンラインツールでの情報共有を始めているチームマネージャー
	主要指標 ・営業成績 ・残業時間		チャネル ・既存顧客 ・販売パートナー ネットワーク	
コスト構造 ・開発費用 ・ランニング費用			収益の流れ ・利用アカウント数に応じた従量課金 ・1アカウント：100円	

ビジネスモデルキャンバスとかなり似ていますが、リーンキャンバスは『Running Lean ―実践リーンスタートアップ』（アッシュ・マウリャ 著、角 征典 訳／オライリー・ジャパン）の著者が先述の「ビジネスモデル・ジェネレーション」のビジネスモデルキャンバスをベースに、起業家にマッチするようにアレンジしたものです。

2つのキャンバスの違い

　ビジネスモデルキャンバスとリーンキャンバスのどちらを利用してもかまいません。リーンキャンバスは製品を新たに開発する場合に向いているので、アプリケーションやサービスの構築などではこちらを利用するのがよいでしょう。事業の全体を見渡すようなケースではビジネスモデルキャンバスが向いているかもしれません。目的に合ったほうを利用しましょう。

ビジネスモデルキャンバスとリーンキャンバスの違い

共通する枠	ビジネスモデルキャンバスのみ	リーンキャンバスのみ
チャンネル	パートナー	課題
顧客セグメント	主要活動	ソリューション
コスト構造	リソース	主要指標
収益の流れ	価値提案	独自の価値提案
	顧客との関係	圧倒的な優位性
	事業全体の見渡しに向く	製品の新規構築に向く

プロダクトゴールを決めるために、これから問題解決に取り組む製品や事業の全貌がわかればいいので、絶対にどちらかのキャンバスが必要というわけではありません。ですが、後述するようにこのキャンバスを作成する過程でチーム全体の理解が深まりますので、作成することをお勧めします。

キャンバスを作成する

　実際の作り方は各キャンバスの手順に従いますが、大切なのは、チーム全員で構築することです。キャンバスを作成すると時間はあっという間に過ぎてしまいます。

　たとえばリーンキャンバスであれば、『RUNNING LEAN』でも述べられていますが、まずは15分、頭の中にあることをみんなでキャンバスに貼り付けていきます。

　リーンキャンバスは、わかるところだけでよいので埋めていきましょう。とくに課題と顧客セグメントをまず埋めます。そうすると連鎖的に他の項目を埋めやすくなると思います。

キャンバスを作る目的

　キャンバスを作ることの目的は、メンバー全員がビジネス、製品、サービスなどを理解することです。ディスカッションを通じて周囲のメンバーがどう考えているかにも触れられます。またどのような思想のもとにプロダクトが作られるかを理解する近道になります。

見直しも重要

　できあがったら、キャンバス全体を見返してみましょう。当初考えていた内容ではしっくりこない場所を見つけたり、内容を書き換えたいと思ったりします。時間の許す限りディスカッションしてください（初回は15分です）。

　リーンキャンバスやビジネスモデルキャンバスは、これから先プロダクトを作っていく途中で定期的に見直しましょう。見直すことで、改めてゴールを確認できたり、方向転換するアイデアが浮かんできたりするかもしれません。

オンラインで行う際の注意点

　リモートで行う場合はいくつかの方法があります。オンラインツール
を利用する場合でも同時、一緒に作るとよいでしょう。

　ホワイトボードをカメラで映して共有する方法がありますが、オンラ
インツールのMiro（P171）やMURALなどを使うこともできます。大切
なのはしっかりホワイトボードを見ながらディスカッションできる状態
にして進めることです。

Miroでリーンキャンバスを作成

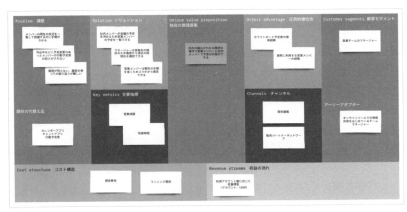

Miroにはリーンキャンバスのテンプレートがいくつかあります。
フォーマットに若干違いがありますが、どれを使ってもかまいません。

　スクラムでリーンキャンバスを作るのは「プロダクトの方向を決める
（知る）」という目的もありますが、いちばん大切なのはスクラムメンバー
内での意識や知識の共通化です。実際のビジネスプランを立てることは
社内の別の枠組みに任せ、プロダクトを制作する上で必要になるバック
ボーンを整えるつもりで行ってください。

POINT
　・プロダクトゴールの制定にはビジネスモデルの把握が必須
　・ビジネスモデルキャンバスやリーンキャンバスが把握に有効
　・キャンバスを作成することでチーム全体でゴールを確認できる

Chapter 3　小さな会社でスクラムを実践する

073

インセプションデッキを作る

ここまでの工程を通じてプロダクトのバックボーンが見えてきたと思います。今度はプロダクトを実現するために関係することなどに目を向けていきましょう。

インセプションデッキとは

筆者は実際のプロジェクトでも、ここで紹介するインセプションデッキ（Inception Deck：開始の土台）をよく作成します。前節で紹介したリーンキャンバスや次節で紹介するストーリーマッピングができなくても、インセプションデッキがあれば全体の把握に役立ちます。

本書で紹介したフレームワークなどは、インセプションデッキに限らず、チームの状況に応じて可能なことを行ってください。手法やフレームワークにとらわれてしまうと、逆に足枷にしかなりません。

インセプションデッキは『アジャイルサムライ ― 達人開発者への道』（Jonathan Rasmusson 著、西村直人・角谷信太郎 監訳、近藤修平・角掛拓未 訳／オーム社）で紹介されている方法です。監訳の角谷信太郎氏が翻訳したテンプレートもPowerPoint版、Keynote版、Cacoo版が公開されています。

インセプションデッキのテンプレート（日本語版）

https://github.com/agile-samurai-ja/support/tree/master/blank-inception-deck

インセプションデッキの作り方（前半）

インセプションデッキは、10個の質問に答えていくことで作成できます。テンプレートに沿ってプロジェクトの状態を埋めていきましょう。インセプションデッキはスクラムチーム全員で作成しましょう。全員で作成することによって、プロジェクトがなぜ行われ、何を解決するのかを全員が理解することができます。

この理解があることによって、自発的な判断を行うことも可能となります。

はじめからすべて埋められなくても大丈夫です。ひとつずつ質問を見ていきましょう。

①我われはなぜここにいる

プロジェクトの目的を共有します。なぜこのプロジェクトを行うのかを明確にします。インセプションデッキの前にビジョンステートメントを確認しましたが、ここではよりプロダクトについて具体的な内容を記載します。

我われはなぜここにいるのか

- 営業チームの効率を上げるため
- 社内メンバーが営業メンバーの予定を把握するため
- 前年度よりも売り上げを上げるため

営業チームと社内メンバーが一体となって売り上げを上げるため

②エレベーターピッチ

　エレベーターピッチもプロダクトの内容を簡潔な言葉で説明します。「エレベーターピッチ」とは、たまたまエレベーターで乗り合わせた投資家に売り込んでも資金を獲得できるくらい、短時間でわかる説明という意味です。

　手掛けているプロダクトで実際に資金を獲得するくらいの気持ちで、短くまとめましょう。

　「この内容で投資家に伝わるか?」「これじゃ見向きもされないな」など起業家になりきって考えてみましょう。

エレベーターピッチ

- 営業の予定を把握したい
- 営業チームのマネージャー 向けの、
- オンライン行動予定表というプロダクトは、
- サブスクリプション利用可能なWebサービスです。
- これは 簡単な操作で営業メンバーと社内メンバーが情報共有ができ、
- オンラインカレンダーアプリとは違って、
- 経験豊かな営業チームのノウハウが備わっている。

③パッケージデザイン

　パッケージデザインではプロダクトのパッケージを考えます。もちろん、実際の販売時のパッケージデザインを決めるわけではなく、ユーザー目線でプロダクトを表現するのが目的です。先ほどのエレベータピッチでは投資家を想像して考えましたが、今回はユーザーを考えて作成します。

　無形のサービスであれば、チラシやランディングページを作成するつもりで行います。キービジュアルを考えたり、注意を引く文言を考えたりと、このワークショップは非常に楽しいものになることから、チームのモチベーションアップにも貢献します。自分達が作るものをよりイメージできるようになります。

④やらないことリスト

　やらないことリストは、文字通りそのプロジェクトでスコープ外にすることをリストアップします。やらないことリストを作成することで、真にやりたいことにフォーカスしてプロジェクトを進められるとともに、ステークホルダーに対してやらないことを伝えることができます。

> プロジェクト開始時は夢が広がってしまい、あれもこれもやりたいとなりがちです。その後にいざバックログを作成していこうという時に、結局やりたいことが何なのかわからなくなったり、やることの検討に時間を割かざるをえなくなったりしてしまいます。

やらないことリスト

やる	やらない
予定の新規追加・更新	スマホアプリ
一覧表示	時間単位での予定管理
午前午後の分類	アラート機能

あとで決める
チャットアプリとの連携
検索
予定の削除

⑤ プロダクトに関わる人々

　「プロジェクトコミュニティ」とテンプレートでは表現されています。このプロダクトに関わる人や部署、会社などを明確にします。

　プロジェクトはスクラムチーム（プロダクトオーナー、スクラムマスター、開発者）だけでは実行できません。開発者の外側にある関係について、みなの認識を合わせましょう。

　これから関わってくる人々を理解することにより、プロダクトを完成するのに必要な作業を準備することができ、協力が必要になった時に聞ける人を事前にアサインすることも可能です。よくあるケースは、社内ルールとしてデザインチームのレビューが必要だったり、出荷前に品質保証部門による受け入れテストが必要だったり、セキュリティに関するチェックのタイミングを把握したり、などです。開発者以外の人を明らかにすることにより、プロジェクトをよりスムーズに進められます。

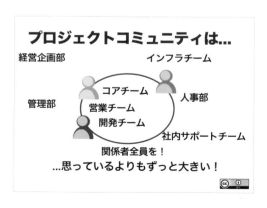

ここまでインセプションデッキを作成できたら、前半部分は完了です。この後を完成させるためには、全体のストーリーを把握する必要があります。現状でわかっていることで進めてもよいですし、次節で紹介するストーリーマッピングなどを行ってから続きを作成してもかまいません。

インセプションデッキの作り方（後半）

　ひとまず、ここでは全体のストーリーを把握したものとして、インセプションデッキの後半部分の解説を進めます。

⑥アーキテクチャー

　アーキテクチャーに関しては、事前に決まっている場合と、メンバー招集後にメンバーによってアーキテクチャーが決定がされる場合があります。ここで現時点でのアーキテクチャー構想を記述し、参加メンバーの認識を合わせましょう。そもそも決まっているのか、いないのか。決まっていなければ誰がいつ決めるのか。決まっている場合はなぜそのアーキテクチャーが選択されたのか。といったことを開発メンバーが知ることにより、プロジェクトの背景をより理解できるでしょう。

⑦夜も眠れなくなるような問題

　想定されるトラブルなどに備えるためのものです。「このプロジェクトを完成させるのに必要なものを100%の確率で準備できるか?」、「メンバーのアサインができるか?」、「インフラ環境がはじめてのメーカーのもので確実に動作させられるか?」、「リリース案内などをすでに公開

していて、完成までの期日が決まっているが、そこまでに本当にできるか？」など、プロジェクト開始時点での懸念を記述します。メンバーの中に回答を持っている人がいれば、この場で解決です。この場で解決しない場合でも、開発者やステークホルダーに重要な懸念点を知らせることができます。

「夜も眠れなくなる問題」は往々にして最重要なポイントが現れるので、本当の心配ごとは何かをディスカッションしましょう。

夜も眠れなくなるような問題は何だろう？

・営業チームのフィードバックをもらえない
・フロントの開発エンジニアが見つからない
・開発費用が予算を超えてしまう

⑧ロードマップ

　プロジェクトの目標を達成するためのステップを記述していきます。次節で解説するストーリーがこの時点ではまだ出揃っていない場合は、見積もるのが難しいでしょう。

　そのまま進めるのであれば、いったんは大まかな概算スケジュールを出しましょう。たとえば何月にリリースを行って予算はどれくらいかなどです。あくまでも手直しする前提の叩き台として書いていることも注釈しておきましょう。

プロジェクトの種類によっては、開発メンバーに実際の予算の金額は公開したくない場合もあるでしょう。可能な範囲で、現在決まっていることを記載しましょう。

ロードマップのシートは2枚使います。まずはじめに「俺たちのAチーム」のシートを埋めます。

　タイトルの元ネタは80年代のアメリカのドラマから来ていると思われますが、要するにプロダクトを完遂するのに必要となるエキスパートメンバーを羅列します。これからアサインする場合は細かく条件を書きましょう。すでにアサインメンバーが決まっているようなケースでは、実際の参加メンバーに沿って記載しましょう。通常の人的アサインを記載し、どれくらいのリソースが必要になるのかを検討してください。

人数	役割	強みや期待すること
1	プロダクトオーナー	営業マネージャーの経験あり プロジェクトを完了させる気持ちが強い 上層部との調整が得意
1	スクラムマスター	スクラムの経験が豊富
2	開発者	React,PHP経験者、開発経験5年以上 unitテストを書けること。新しい技術習得に意欲的なメンバー
0.5	インフラ	クラウド環境での構築経験あり

　メンバーの記載が終わったら大まかなスケジュールに移ります。インセプションデッキに必要な粒度でロードマップを考える際は、ストーリーマッピングやフローチャートを書いたり、ブレストをするなどして、全体像を把握しておく必要があります。その上で、どのラインをMVP（Minimum Viable Product→P093で詳しく解説します）として提供していくかを考え、ゴールを決めます。

　とはいえ、スクラムで不確定要素のある未来について予測するのは、初期段階では難しいものです。スプリントを通じて、当初の予定との差異を明らかにし、どこまで進められるかを予測していきましょう。

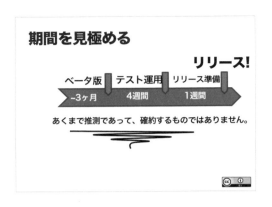

⑨ トレードオフスライダー

　プロジェクトでバックログアイテムの優先順位を付ける時の基準になるように、何を優先するのかに点数を付けます。とくに優先順位を見極めたいものは「時間」「予算」「品質」「スコープ」です。

時間：ここでは製品をリリースする期間と考えてください。時間の優先度を落とすと、当初はよくても、結局いつまでも製品をリリースできないといった状況になりかねません。そのようなプロジェクトは、そもそも存在意義がなくなってしまいます。

予算：予算は基本的に有限です。ごくまれに「予算をいくら使ってもいいから完成させる」といったミッションもあるかもしれません。予算に対する考えを明らかにしておきましょう。

品質：品質についても基本的には同様で、品質が悪くてもよいというプロジェクトはありません。ただし、扱うデータの種類によっては品質管理に多少目をつぶることが許されるケースもあるかもしれません。

スコープ：プロダクトを完成とする範囲を決めます。決められた時間・予算・品質をクリアしなければならない方針が決定されていたとしたら、変更できるのはスコープだけです。時間・予算・品質の基準をすべて満たすために、スコープを縮小する（機能を減らす）こともよくあります。

　それぞれの項目に対して、スクラムチームで話し合ってスライダーの位置を決定します。ステークホルダーに参加してもらっている場合は、積極的に意見を聞きましょう。ステークホルダーにスライダーを動かしてもらうことで、何を重要と考えているのかがわかるとともに、今後の機能を考える時点での優先順位付けに役立ちます。

> テンプレートにはこれらの4つ以外にも欄があります。
> ここにはこれまでのディスカッションで出てきた、このプロジェクトにとって重要な特徴や機能について優先度を付けてもらいましょう。
> 大切なのはすべてをMAXにするのは難しいということをみなが理解し、重要事項の認識を統一することです。

⑩ リリースに必要なもの

　このプロジェクトの完成はいつなのか、コストはいくらかかるのかを記載します。またリリースまでに必要となる作業や大まかな作業期間なども記載します。全体の規模感やリリースまでの予定をメンバー全員が認識できます。

　ユーザーストーリーマッピングやインセプションデッキなどは、可能であればスクラムチーム以外のメンバーも見えるところに掲示しましょう。
　小さな会社であれば、スクラムチーム以外の方の知識もきっとプロダクト制作に役立つことが多いはずです。
　また直接的なプロジェクトメンバーでなくても、積極的にレビューなどに参加してもらうことにより、会社としてプロジェクトを一緒に進めている一体感も出ます。積極的に社内に広げていきましょう。

POINT
・インセプションデッキは全体像の把握に有効
・ロードマップ以降は次のストーリーマッピングの後で行うのがよい
・優先順位はステークホルダーの意向を反映させるとよい

ユーザーストーリーマッピングで
機能を考える

ここまでは外堀の話でしたが、次にこれから作成する
プロダクトの内部の検討に移ります。プロダクトの機
能を考える際は、ユーザーストーリーマッピングとい
う手法を使うのがお勧めです。

ユーザーストーリーを抜き出す

　ユーザーストーリーでは、プロダクトで実現したい機能がどんなもの
かを、ユーザーの観点から考えます。いわば "ユーザー思点" とも言え
ますが、ユーザーがプロダクトを使って何をしたいのかをイメージしま
しょう。

　このユーザーストーリーを時系列・優先度でマッピングするのが、ユー
ザーストーリーマッピングです。ユーザーストーリーをマッピングする
際は、ホワイトボードに付箋を貼っていく方法がよく使われます。オン
ラインで完結させる場合は、MiroやMURALといったオンラインホワイ
トボードツールを利用します。

Miroについては、P171で使い方を詳しく解説します。

ユーザーストーリーマッピングは旅先のスナップ

　たとえば、一緒に旅行に行った人と旅先で撮った写真を見れば、「あ
の時、こんなことがあった」、「その後こうなった」など、思い出話に花
を咲かせることができます。写真がないと、案外何があったか思い出せ
ないものです。『ユーザストーリマッピング』（オライリー）で著者のジェ
フ・パットン氏がポストイットとストーリーマッピングを「記憶を助け
るためのドキュメント」と表現しています。インセプションデッキ、ペ

ルソナ、ストーリーマッピングと経たディスカッションの内容をメンバー全員が思い出せるように、付箋をたくさん作りましょう。

ユーザーストーリーマップを作成する

では、ユーザーストーリーを作成していきます。

ペルソナ

はじめにまず、ペルソナ（仮想的なユーザーの人物像）を作成します。ユーザーのストーリーをイメージする際は、どんなユーザーか参加者のイメージを一致させることが重要です。どんなユーザーがプロダクトを利用するのかを考えましょう。ユーザーストーリーマッピングを詳細に行う場合、ペルソナによって導線が変わるので想定しうる代表的なペルソナを作成しましょう。

ペルソナは、1枚のペルソナカードやペルソナーシートにまとめます。カードであれば、名前、年齢、役職、趣味、日常の行動などを書きましょう。さまざまなテンプレートがあるのでそれらを利用するのもよいですし、プロダクトの利用シーンに合わせて項目を足してもよいでしょう。

オンラインツールであれば画像検索などで見つけた画像などを取得して、カードに貼り付けるのもよいかもしれません。参加している人が共通のイメージを持ちやすくすることが重要です。

ペルソナカードの例

名前：根越 良光　　年齢：60
役職：営業部長
出身：九州
趣味：旅行

日常の行動：営業一筋、若者に負けないバイタリティを持っている。休日は奥さんと食べ歩きをするのが好き。PCやスマホも難なく利用できる。官公庁から一般企業まで人脈が多い。

名前：外回 秀男　　年齢：54
役職：営業メンバー
出身：東京
趣味：バスケットボール

日常の行動：最近営業部に異動になった、以前はシステム開発を行っていた経験がある。ITは得意だが成績はあまりよくない。

ユーザーストーリーをどんどん書き出す

　はじめにプロダクトの全体像から話し合っていきます。細かい機能に注目するのではなく、大まかにユーザーの利用シーンを考えます。利用シーンや行動を考える場合、さきほど設定したペルソナを思い浮かべながら考えましょう。「このユーザーだったらこうしたいはず」、「このユーザーはこのような機能は避けるだろう」など、想像しならが考えていきます。この時に大切なのは、思いついたことからどんどん付箋に書いて、ホワイトボードに貼っていくことです。

付箋にどんどん書いて貼り付けてく

今日の予定をメンバーに教えられる	部内の他の人の予定が見れる	今日の日付や曜日を確認できる	午前と午後の予定が分かれている
訪問先のお客さんの連絡先を確認することができる	外出している人の帰社時間がわかる	直行直帰が把握できる	電話しなくても外部からスマホで報告できる
次の日の予定を事前に報告できる	来月の予定を事前に報告できる	社員の連絡先がすぐにわかる	なにかあった時にすぐ連絡ができる

　はじめは単語のみでもかまいません。まずはプロダクトをユーザーがどのように利用するのかを書き出しましょう。ここで書いたものがユーザーストーリーです。

　何から書いていったらいいかわからない時は、メインのユーザーがプロダクトを利用する流れを考えましょう。1日の時系列に沿って考えてみてもよいでしょう。すでにストーリーが書き始められている場合は、既存のものを時系列に並べていきます。

バックボーンを作成する

　自由にユーザーストーリーの項目を書き出している過程で、ある似たようなストーリーが見えてきます。またはすでに検討を繰り返していたプロジェクトであれば、すでにストーリーは決まっているかもしれません。

　こういう場合はバックボーンとしてある程度大きな機能（エピック、アクティビティ）をボードの上部に作成しましょう。

バックボーンを上部に作成する

　次にバックボーンの内容を考えます。バックボーンは、まさにユーザー体験の幹となる基本フローを書いていきます。どの程度の粒度で書けばよいか、はじめは悩むと思いますが、思いついた順に書いていきましょう。

　細かくなってきたり、非常に多くなった場合は、多くなってきたバックボーンをまとめるバックボーンを作成しましょう。

　大まかな流れを想像できるのであれば、まずは大きな粒度でのバックボーンを作成し、そこから詳細化したバックボーンを作成してもよいでしょう。

バックボーンの内容を書き出す

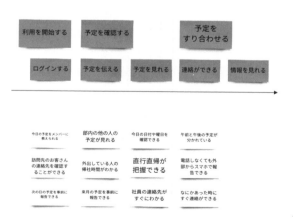

アクティビティのステップを作成する

　バックボーンを並べたら、下の部分にはそのアクティビティのステップを作成していきましょう。さらに下には詳細を書いてもいいですし、担当ごとの枠を作成してもよいでしょう。

> ユーザーストーリーマッピングで重要なことは、これから作成するプロダクトをどのようにするべきかメンバーで共に考えるところです。ユーザーがどのように利用するのかを考え、どんなことを本当はしたいのかに思いを馳せてみましょう。

アクテビティのステップを書き出す

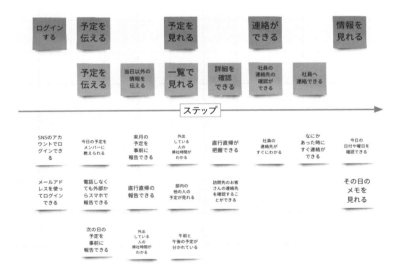

縦方向は重要度順に並べる

　バックボーンより下の部分については自由とお伝えしましたが、ボードの上部により重要な機能を並べてください。ボードの上から下に向かって重要度が下がってゆくように付箋を入れ替えましょう。

後ほどプロダクトバックログを作成しますが、優先順位にしたがって並んでいることが実際に作業をするうえでも重要になります。この優先順位にしたがってこれからの検討や作業は行っていきますので、全体をよく見直しましょう。

重要度順に並べる

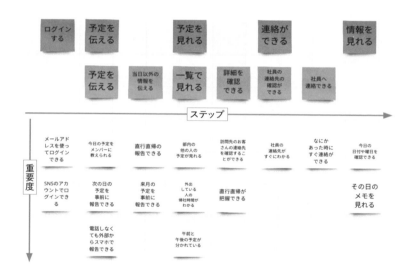

ペルソナごとにわける

　ユーザーストーリーを作成していると、複数のペルソナのストーリーをどのように表現すればいいか悩む場合があります。よくあるパターンでは、無料会員と有料会員、管理者とユーザーなどです。ひとつのボードでカードの色を変更したり、ボード自体を別にしたり工夫して、見やすいようにしましょう。

ペルソナごとにわける

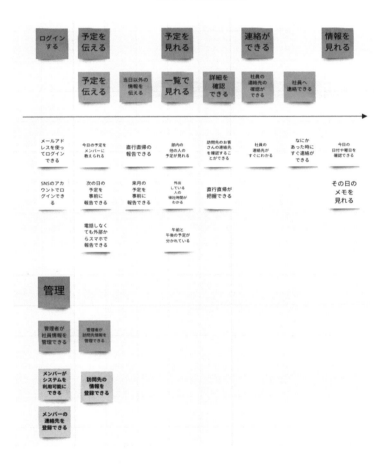

まとめると、ユーザーストーリーマッピングは次のような流れになります。

ユーザーストーリーマッピングの流れ

①ストーリーの基準となるペルソナを決める
②そのユーザーの大まかなアクティビティをバックボーンとして羅列する
③それぞれのアクティビティのステップを書き出す
④ステップの詳細を下に並べていく
⑤別のペルソナのストーリーも考える

スクラムチームの外部も巻き込んでいく

　プロダクトの種類によっては、スクラムチーム外の人のほうが業務や実情に詳しい場合もあります。積極的にヒアリングを行ってください。可能であればユーザーストーリーマッピングにも参加してもらいましょう。開発側だけでは理解できないような生の声が聞けます。

　また、経営陣などにも参加を促しましょう。小さな会社ならとくに、かつて現場で作業されていた方が経営層にいることも多いので、想いやノウハウなどを聞けるでしょう。

　基本的に、全社を巻き込んで進めていきたいですが、スクラムチーム以外のメンバーを招待する場合はファシリテーションを丁寧に行いましょう。スクラムの進行に慣れていないと時間を気にしなかったり、考えていることすべてについて語ろうとしたりします。そのミーティングの意味を考えて、スクラムマスターやプロダクトオーナーが適切にコントロールしてください。

　あくまでもスクラムチームが主体となってプロジェクトを進めましょう。

POINT
・プロダクトの機能を"ユーザー思点"で検討する
・ユーザーストーリーマッピングでひとめでわかるようにする
・ペルソナごとにストーリーを考える

MVPで実装する機能を決める

ユーザーストーリーマッピングがいったん完了したら、リリースの際の最低限必要な機能を絞り込みます。この最低限必要な機能を実装したプロダクトをMVPと言います。

MVPとは

　スクラムではじめに作成するプロダクトはMVPがよいとされています。MVPはMinimum Viable Productの略で、直訳すると「実用最小限の製品」です。顧客に価値を提供できる最低限の機能を備えた状態を指します。

　MVPの認識は人によって違うことがあります。「一番早くリリースできるもの」と考える人や「顧客が満足できる最短でできるもの」と考える人、「もっとも早くテスト可能なもの」と考える人もいます。

　それぞれ立場によって考えが異なり、意義もそれぞれにありますが、認識が違うのは望ましくありません。

> 筆者がはじめてMVPの言葉を聞いた時は、スポーツなどで試合やシーズン後に発表されるMVP（Most Valuable Player）を思い浮かべました。話の文脈もなんとなく意味が通じていたので、しばらくは勘違いしたままでした。
> このような勘違いはみなさんはされないと思いますが、しっかり話し合って認識を合わせておくことは重要です。

MVPの内容を明確にする

　「MVP」の考えを世に多く伝えたHenrik Kniberg氏は、MVPの定義が混乱を来たしたことから、Minimum（最低限）をEarliest（最初期）と置き換えたうえで、次のような言い換えをブログで提案しています。

Henrik Kniberg氏によるMVPの言い換え案

- ▶ もっとも早くテスト可能な製品（Earliest Testable Product）
- ▶ 顧客が実際に喜んて使えるリリース（Earliest Usable Product）
- ▶ 顧客が気に入り喜んでお金を払うリリース（Earliest Lovable Product）

https://blog.crisp.se/2016/01/25/henrikkniberg/making-sense-of-mvp

　しかし、この提案が広がるとしてももう少し時間がかかりそうで、「MVP」という言葉は今後も使われていくでしょう。そのような時はこのMVPは何を目指すかを話し合いましょう。スクラムは繰り返しによる改善が重要ですので、まずは「もっとも早くテスト可能な製品」を目指しましょう。

　なお、この場合の「テスト」はユニットテストや単体テストではなく、ユーザーに利用してもらうことにより製品に対するフィードバックを得ることを指しています。

ユーザーストーリマッピングからMVPを決定する

　用語の説明が若干長くなりましたが、MVPは「もっとも早くテスト可能な製品」と理解した上で、ユーザーストーリマッピングで作成したストーリーの中からMVPを抜き出すという作業を進めます。

　ストーリーマッピングを行った結果、とても大きなストーリーマップができたり、詳細にまで及んでケースもあるでしょう。しかしまずはテスト可能な製品を目指しましょう。

MVPの考え方

　ふたたび、Henrik Kniberg氏のブログより図を引用します。この図は、スクラムでもっとも有名な図かもしれません。

Henrik Kniberg氏による MVPの考え方

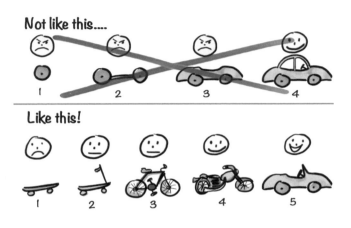

https://blog.crisp.se/2016/01/25/henrikkniberg/making-sense-of-mvp

　「もっとも小さいテスト可能な製品」なので、タイヤだけ作ってもテストできません。テスト可能ということは、それに乗って移動できないといけないためです。最終的な完成品は似ていても、テストを行えるのがプロダクトの終盤では、UXの優れた製品を開発することは難しいでしょう。

　スケートボードを作った場合は、実際にスケートボードに乗って移動するテストが可能になります（タイヤでも頑張れば上に乗って移動できるかもしれませんが、スケートボードのほうがテストしやすいのは確実です）。

スプリントごとに利用できる状態を目指す

　スプリントを進めていく場合も、常に利用できる状態のものを目指すべきです。こうすることで、従来のシステム開発で納期間際にはじめてデモを見た顧客が「イメージと違う」と落胆することがなくなります。利用可能なので、顧客も早期から確認できます。

> 受託開発などの場合、「顧客」は「実際に利用するエンドユーザー」に加えて「お金を支払ってくれる依頼元」も存在するので、どちらも意識しておきましょう。どちらが大切かというとエンドユーザーではありますが、依頼元にエンドユーザーの大切さを理解してもらえるように対話を行いましょう。

線を引いてMVPを決定する

　MVPをユーザーストーリーマッピング上で表す際は、線を引きます。その線より上が最初のリリースで作成するMVPです。線を引いたら、ユーザーの体験を見直しましょう。ユーザーが最低限目的を達成できるものになっているか、なくても実現できるものはないかを見直します。

ユーザーストーリーマッピングに線を引いてMVPを決める

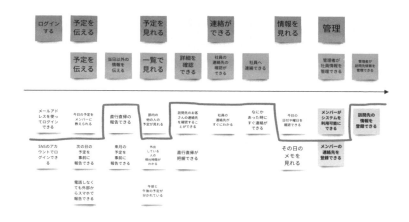

最低限のステップでユーザーを満足させる機能が記述できていれば、それがMVPと呼ばれる状態の製品になります。

　ホワイトボードに余裕があれば、付箋をずらしてMVPのラインを直線にしてもよいでしょう。直線にしておけば検討しながらMVPラインの中に上げたり下げたりすることができます。

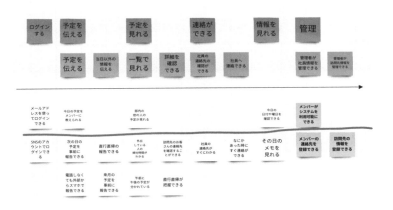

MVPのラインを直線に

POINT
・どのような状態を「MVP」とするかの認識のすり合わせが大切
・スクラムのMVPは「最も早くテスト可能な製品」とするとよい
・MVPはユーザーストーリーマッピングに線を引いて決めるとよい

バックログ作成①
ストーリーの整理

 ここまでで事前の準備や情報の整理ができましたので、いよいよ、実際のスクラムの工程に入っていきます。まずはバックログの作成から始めます。

バックログを作成する

いよいよバックログを作っていきます。バックログという言葉は、もともとは「暖炉などの火の背後（バック）に置かれた薪（ログ）の備蓄」が語源だったようで、転じて「やり残している仕事」や「未処理分の仕事」を指すようになりました。

スクラムでは「プロダクトバックログ」（製品全体のバックログ）、「スプリントバックログ」（スプリントごとのバックログ）という言い方をします。ログに記載する業務を「アイテム」と呼び、「プロダクトバックログアイテム」は略して「PBI」、「スプリントバックログアイテム」は略して「SBI」などと呼ばれる場合もあります。

プロダクトバックログの責任者

プロダクトバックログの内容や順番に責任を持つのはプロダクトオーナーですが、開発者がプロダクトバックログを作成する場合もあります。チームで協力して進めるので、まったく問題はありません。しかし、メンバーが勝手に既存のバックログのアイテムを削除したり、順番を入れ替えたりすることはできません。このような必要が出てきた場合はプロダクトオーナに提案しましょう。

ストーリーを見直す

それではバックログの作成を開始しましょう。最初はプロダクトバックログのアイテムがひとつもない状況ですので、プロダクトバックログアイテムをしっかりと積み上げていきます。

まずは、プロダクト全体のバックログを考えます。プロダクトバックログを書くにあたり、ユーザーストーリマッピングを確認しましょう。

前節でMVPの部分に線を引いて、他のアイテムと区別しました。このMVPのアイテムを整理しながらバックログに進化させます。

定型文で文章化する

ユーザーストーリーマッピングでは思いつくままに書いていたので、単語だけだったり、説明不足でわかりづらいものも多いでしょう。見たらどんなことをやるのかわかるくらいに、はっきりと文章化していきましょう。

では、どのように文章にすればよいかというと、たとえば次のようなWho、What、Whyの定型文を使うとよいでしょう。

Who、What、Whyの定型文

Who　　　**What**　　　　　　　**Why**
［ペルソナ］として［機能］したい。なぜならば［目的］からだ

例）［求職者］として［求人企業にメールを送信］したい、なぜならば［応募前に詳しい話を聞きたい］からだ

Who　　　**Why**　　　　　　**What**
［ペルソナ］として［目的を得る］ために［行動］したい

例）［旅行好き］として［旅先の足を確保する］ために［タクシーを予約］したい

この内容をどこに記述していくかですが、シンプルなユーザーストーリーマッピング自体は全体を見渡すのに便利ですので、その横に新しいスペースを別に確保するのがお勧めです。

　そして、ひたすらユーザーストーリーマッピングのMVP部分の付箋を上記のフォーマットに従って新しく書き直します。書き終えたら、新しいスペースに貼り付けましょう。

必要になるストーリーを明確に

部内の他の人の
予定が見れる

社内メンバーとして営業メンバーの予定を見たい。なぜなら訪問のための準備を手伝いたいからだ。

Who、What、Why を踏まえてユーザーストーリーを書き直していくと、他のストーリーとの新しい関わりが見えてくるかもしれません。最初に作成したユーザーストーリーマップが窮屈になった場合は、新しいスペースにバックログを作成しましょう。新しいスペースを取る場所が作れない場合は写真やスクショを撮っておきましょう。

優先順位で並べる

　書いた付箋は、上から優先順位順に並べていきます。並べ替える時に考えなければならないのは、実行可能な段階にいかに早く進めるかです。すでにMVPの線より上に並べたものなので、どれも重要なはずですが、とくに重要なものから並べるようにしましょう。

優先順位で並び替える

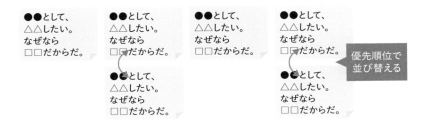

　この時にユーザーストーリーマッピングで表しきれていない必要な作業に気づくことでしょう。たとえば作成するものがシステムであれば、開発環境の構築やコーディング規約の策定、SaaSの契約、インフラの構築、データモデリングなどです。

　このような開発自体に必要な作業もすべてバックログに追加していきましょう。

バックログの整理

　チームで作業する場合は、確認しなければならない場所が増えると、そのぶん作業効率は落ちます。可能であれば集約し、色やラベルなどで区分けできるようにしましょう。

　オンラインの場合、ツールによってやり方は変わってきますが、基本は同じです。次節で紹介するJiraであれば、タイトルに先ほどのテンプレートの内容を入れてしまってもよいですし、タイトルはわかりやすい単語を使い、説明を追加してもよいです。

詳細度は優先順位で変える

　作成していると、内容をしっかり決めないと先に進めないように思いはじめます。そしてすべての付箋の内容を掘り下げたいと思うでしょう。しかしすべてに対して行う必要はありません。

　優先順位が高いものは細かくし、優先順位が低いものは粗くてもかまいません。

詳細度の例

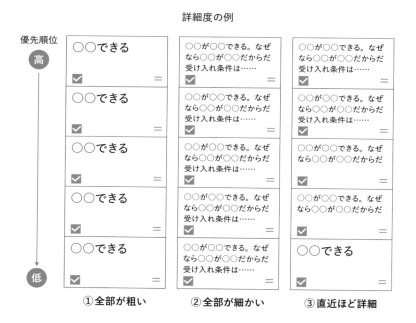

①全部が粗い

　この場合は、スプリントプランニングを行うことができません。プランニング時にいろいろなディスカッションを行うことになり、スプリントプランニングに多くの時間を使うことになります。

②全部が細かい

すべて丁寧に作成されている場合は、スプリントプランニングが進めやすいです。事前に準備されている点もいいのですが、2点ほど問題があります。1点目はすべてのアイテムについて検討を進めるため、とても時間がかかることです。もう1点は取り掛かるのが先になる優先度が低いアイテムについては、将来実施しないことがあるため、無駄になってしまう可能性があることです。すべてのリソースを価値のあるものに投入することにより、開発速度を上げることができるので、余分な作業は減らしていきましょう。

③直近ほど詳細

理想としては、スプリントプランニングや開発を進められる情報が優先度の高さにしたがって網羅されている状態です。優先度の低いものについては、段々と粗くなっていてよく、実施する時に必要な検討を行い、どんな機能かがわかる状態にしましょう。

スプリントを重ねるうちに、機能の優先順位が変わることもよくあります。先のことはわからないので、実際に必要になることから積み上げましょう。

POINT
- バックログは未処理の作業をまとめたもの
- プロダクトバックログはプロダクトオーナーが責任を持つ
- ユーザーストーリーマッピングの付箋を書き直して、優先順位で並べ替える

バックログ作成②
バックログアイテムを作成する

 すでに優先順位を付けて並べられたバックログができています。次にそのバックログを実施するのに必要な肉付けを行っていきます。肉付けといっても、ウォーターフォールの詳細設計書のように記載する訳ではありません。

バックログアイテムを書き込む

　実際に作業するのに必要最低限のことをバックログアイテムに書き込みましょう。付箋でも、オンラインツールでも、基本に違いはありません。もし付箋を使う場合は、文字が小さくなりすぎるので、ひと回り大きな付箋やカードを利用します。またこの時、詳細が書かれたバックログアイテムを「チケット」や「ストーリー」といった呼び方をしたりもします。

バックログアイテムの例

営業メンバーとして今日の予定を記録したい。なぜならば当日の営業計画を立てたいからだ。

管理者として新規メンバーの情報を入力したい。なぜならメンバーがシステムを利用可能にするためだ。

社内メンバーとして営業メンバーの予定を見たい。なぜなら訪問のための準備からだ。

Jiraでバックログを作成する

　ここではJiraを使ってバックログを作成する場合について紹介します（Jiraの導入方法についてはP157で詳しく解説します）。

　なお、バックログアイテムの作成については決まった型のようなものはないので、チケットの作り方もケースバイケースで千差万別です。ただし、わかりやすい書き方はありますので、ひとつのやり方としてどのように詳細を書くかをお伝えします。

> 製品も違えば、チームメンバーも違う、それぞれの役割や割ける時間にも違いがあるので、チームによって最適な運用方法はまちまちです。
> 本書で紹介している方法はあくまで一例ですので、ぜひ開発メンバーでディスカッションをして、ふりかえって最適な方法を探してください。

　チケットを作る際は、Jira上で「課題」を作成します。チケットのタイトル（「概要」がタイトルにあたります）には、先ほど決めたバックログアイテムの名前としましょう。P099でも解説したように、「○○として△△のために□□する」といった感じにタイトルを入力します。

　この時タイトルが長すぎて内容がわかりづらくなった場合は、Whatを中心に記述すると、一覧した時にわかりやすくなります。タイトルと詳細をうまく使い分けましょう。もちろんこのテンプレートにとらわれなくてもかいません。またタイトルにチーム独自のタグを入力したりするチームもあります。

チケットのタイトルの付け方

Who、What、Whyの定型文
- ▶ 会員システムを利用するためにユーザーとしてログインする
- ▶ 管理者ユーザーとして期限切れ会員を確認するために会員一覧を確認する

タグを付ける場合の例
- ▶ [FE]表を見出してでソートできるようにする
- ▶ [調査]新規機能のため SSOについて調べる

タイトルの入力

　タイトルを見て、何を行うかわかるチケットにしておくと、いちいちクリックして詳細を確認せずに済みます。タイトルを利用しなくても、ラベル機能がありますので、そちらを利用するのもよいでしょう。フィルターを利用して必要なラベルのものを抽出できるため、チケットを探したり、一覧するのに便利になります。

ラベルで抽出する

チケットの詳細を書き入れる

　タイトルは先ほど型に沿って「概要」に入れました。次は「説明」に詳細を書き入れます。詳細に書く内容はわかりやすくしましょう。言葉だけでわかりにくい時は、図や表などを入れるのもお勧めです。

「詳細」にはかつての詳細設計書のような細かいことを書く必要はありません。ドキュメントの文量が増えるほどメンテナンスが難しくなるので、必要最小限で伝えられるようにすべきです。ただしスクラムメンバーで共通認識を持てなければ意味がないので、慣れないうちはディスカッションしながら作成しましょう。

受け入れ条件を書き入れる

さらに、絶対に入れておきたいものがあります、それは「受け入れ条件」（アクセプタンス・クライテリア）です。

「受け入れ条件」というと漠然としていますが、合格基準といった意味合いで、何ができていれば完了とするかを決めます。たとえば、次のような言葉で記述してください。

受け入れ条件の記述例

▶ 必須項目にすべて入力しないと登録できない
▶ 検索結果が100件を超えたらページング処理が行われる
▶ 検索結果がない場合は not foundと表示する

受け入れ条件を記載

営業メンバーとして顧客訪問予定を記録したい。

📎 添付　　🔗 子課題を追加　　🔗 課題をリンク　　∨　　・・・

To Do ∨

説明
営業メンバーとして顧客訪問予定を記録したい。なぜなら効率的な営業計画を立てたいからだ。

受け入れ条件

1. 今日の予定は日付、訪問先、午前／午後の入力ができること
2. 入力済みの予定の変更を行えること
3. スマホからの入力が可能なこと

チケットを見直す

　作成したプロダクトバックログアイテムを見直して、スクラムの適正なバックログとしての精度を上げていきましょう。Bill Wake氏が提案したINVESTを意識すると実行しやすいストーリーが作成できます。

　スクラムでは、常に見直すということを意識してください。見直して改善を繰り返していかないと、よくある「アジャイル風のプロジェクト」になってしまい、ただドキュメントを書かないだけ、進捗管理を行わないだけの状態になってしまいます。

Bill Wake氏の INVEST

	元の単語	意味
I	Independent	独立している
N	Negotiable	交渉可能
V	Valuable	価値がある
E	Estimable	見積り可能
S	Small	小さい
T	Testable	テスト可能

　それでは、ひとつずつ見ていきましょう。

I（Independent：独立している）

　チケットは、他のチケットに固有の依存関係がなく、自己完結するようにします。チケットは優先順位を変更しながら管理していきますが、この時に他のチケットとの関連が強すぎる場合、ひとつのチケットを移動させると関連するチケットも移動する必要が出てきます。柔軟に優先順位を変えられるように、チケットの切り出しを工夫しましょう。

N（Negotiable：交渉可能である）

　プロダクトバックログアイテムは明示的な契約ではなく、顧客とプログラムが共同で作り上げるものだとBill Wake氏は述べています。文章がたくさん書いてあり、仕様が明確になっていればよいと考えがちですが、「大切なのはコミュニケーションだ」ということを思い出しましょう。議論の余地を残しつつ、本質が書かれたチケットを目指します。

V（Valuable：価値がある）

　チケットはユーザーに価値のあるものでなくてはなりません。もともとユーザーストーリーマッピングから作成しているので、本来はすでに価値があるものになっているはずです。チケットを分割する時などは、価値のないものにならないよう注意します。

　実際に開発を行っていくと、APIの作成やバッチ処理など、ユーザーに直接関係のないチケットもできたりします。この種のチケットは「システムストーリー」として考えるのもお勧めです。チームにとって最適な方法でチケット管理を行いましょう。

E（Estimable：見積もり可能である）

　見積もりができるということは、内容を理解できるということです。内容が理解できるものだったとしても、大きなチケットであれば、どれくらいかかるか予想がつかないかもしれません。適切な大きさでわかりやすい必要があります。

S（Small：小さい）

　前項でも述べましたが、大きすぎるチケットは見積もれません。それだけでなく、実際に作業する場合も迷いながら進めることになります。チケット自体を小さくできない場合でも、実際に進める場合はタスクに分割することで、進めやすくなるでしょう。

　なお、スクラムガイドでは、実際に開発者が進める時は「プロダクトバックログアイテムを1日以内の小さな作業アイテムに分解することによって行われる」と記載されています。チケットのストーリー自体はそ

れより大きくてもかまいませんが、スプリントを跨がないと終わらないのであれば大きすぎると考えましょう。

T（Testable：テスト可能である）

テスト可能であるということは、チケットの内容が明確になっているということです。また、テストできないチケットではレビューすることもできません。前述した「受け入れ条件」が適切かどうかも確認しましょう。

以上がINVESTの内容です。すべてを完璧に満たさなくてもよいですが、INVESTなチケット作成を心がけましょう。

INVESTなチケットの例

I（Independent）独立している	営業メンバーとして顧客訪問予定を記録したい。	E（Estimable）見積もり可能である
他のチケットに固有の依存関係がなく、自己完結している	営業メンバーとして顧客訪問予定を記録したい。なぜなら効率的な営業計画を立てたいからだ。	大きすぎず、見積もりができる
N（Negotiable）交渉可能である	受け入れ条件	S（Small）小さい
議論の余地を残しつつ、本質が書かれている	1. 今日の予定は日付、訪問先、午前／午後の入力ができること 2. 入力済みの予定の変更を行えること 3. スマホからの入力が可能なこと	スプリントはまたがないようにする
V（Valuable）価値がある		T（Testable）テスト可能である
ユーザーに価値がある		内容を明確にして、テストできるようにする

完成の定義を決める

プロダクトバックログアイテムごとに受け入れ条件を作成しましたが、すべてに共通する完成の定義も決定しましょう。

確約（コミットメント）：完成の定義

スクラムガイドによると、完成の定義は「プロダクトの品質基準を満たすインクリメントの状態を示した正式な記述である。プロダクトバックログアイテムが完成の定義を満たした時にインクリメントが誕生する。」

とあります。

　何が行われていれば完成となり、何が行われていなければ完成とならないのか、スクラムチームで共通認識を持っておく必要があります。

　完成の定義もプロダクトやチームによってさまざまですが、「必要なことすべてが完了していること」で完成と言えます。たとえば次のようなものです。

完成の定義の例

- ▶ コードレビューが完了していること
- ▶ 結合テストが完了していること
- ▶ パフォーマンステストが完了していること
- ▶ 必要な申請が完了していること

　このように定義して、完成に必要なことの認識を合わせましょう。必要であればメンバーが見える場所に貼り出し（オンラインであればチャットツールにピン留めするとよいでしょう）、いつでも確認できるようにしましょう。

　完成の定義もスプリントを進める中でアップデートし続けながら運用することが大切です。

POINT
・チケットはユーザーストーリーに基づいて作成し、詳細や受け入れ条件も書く
・チケットは INVESTを意識して見直す
・「完成の定義」も決めておく

スプリントプランニングで
スプリントゴールを決める

スプリントプランニングはスプリントを実行する計画です。ここではまず、スプリントプランニングの意義と、スプリントゴールの決め方を見てみましょう。

スプリントプランニングの3つの目的

　スプリントプランニングはスプリントを実行する計画です。スクラムガイドによると大きく3つの目的があります。

① このスプリントはなぜ価値があるのか？

　スプリントの先にはプロダクトのゴールがあり、その道の中で今回のスプリントはどんな価値を生むのかを決めます。プロダクトオーナーはプロダクトの価値と有用性を今回のスプリントでどのように高めるかを提案します。

　プロダクトの価値を最大化するために、開発者と話し合います。一方的にプロダクトオーナーがゴールを提示するのではなく、開発者も意見を出し合ってゴールを決定します。

② このスプリントで何ができるのか？

　開発者は、プロダクトオーナーとの話し合い、プロダクトバックログからアイテムを選択し、今回のスプリントに含めていきます。今回のプロダクトの価値を最大化するゴールを決めたら、それを実現するためにはどのようなチケットが必要なのかを選択します。

スプリントプランニングの前の状態で、プロダクトバックログは優先順位順に並んでいるはずです。しかし、スプリントでのゴールを考えた場合、入れ替えや追加などは発生します。開発者もスプリントゴールを達成するため大いにディスカッションに参加しましょう。

③選択した作業をどのように成し遂げるのか?

　開発者は、選択したプロダクトバックログアイテムごとに、完成の定義を満たすインクリメントを作成するために必要な作業を計画します。チケットを完了させるためには何が必要なのかを開発者同士で話し合い、技術的にどのような解決ができるのかを検討します。またこの時チーム内にQA(テスト担当)がいれば同席してもらうとよいでしょう。

スプリントゴールを決める

　スプリントゴールをなぜ決めなければならないのでしょうか。「結果的に優先順位で決まったチケットを上から順番に終わらせるだけでは?」と考えているようでしたら、改善の余地があります。

　スプリントゴールを決めることでそのスプリントの向かう道が明確になります。スプリントゴールがあると、チケットの取捨選択や実装方法の検討などを決める際の判断基準になります。目的を持たずに走るのと、ゴールを決めて走るのとでは、走っている間の不安感も少なくなるでしょうし、日々の仕事にもやりがいを持てます。

スプリントゴールの必要性

チケット①	チケット②	**GOAL**
ゴールに向かう道筋	ゴールに向かう道筋	

スプリントのゴールへ向けて
方向性が定まる

スプリントゴールが見えない時は

　ただし、毎スプリントで明確なゴールを作ることは難しいかもしれません。スプリントゴールがなければスプリントが始められず、ついつい会議が長くなってしまうと、そのぶんトータルの作業時間が削られていってしまいます。

　そのような場合は、次のスプリントで優先順位の高いチケットの内容を見返してみましょう。チケットにはそれぞれWhyが記載されているので、そのWhyを見返してみると、スプリントゴールが見えてくるかもしれません。

POINT
・スプリントプランニングではまずスプリントゴールを決める
・スプリントゴールに沿って、そのスプリントで行う作業を決める
・スプリントゴールが決まらない時は、チケットの内容を見返すとよい

スプリントプランニングのチケットを見積もる

スプリント内で行う作業は、スプリントバックログにまとめます。その際、チケットごとにどれくらいの時間や工数がかかるかを見積もる必要があります。その手法を見ていきましょう。

チケットの見積もり

　まずはプロダクトオーナーからチケットの内容の説明を行います。受け入れ条件も記載していれば、何を求めているのかもわかりやすくなります。開発者はそのチケットをどのように実現するかを考えます。

　その後このチケットについて見積もりを行いましょう。まず基準がいくつかあるので紹介いたします。

時間

　みなさん一番慣れている方法ではないでしょうか。だいたい何時間かかるかを見積もる方法です。ただし、アジャイルでは時間の見積もりは推奨されません。

　筆者も長年、時間で見積もりを出してきましたが、時間で見積もるのはなかなか困難です。いつのまにかバッファを積んで見積もるようになってはいませんか？　筆者も見積もりには以前、バッファを含めて計算していました。また時間で見積もった場合、その時間に終わらないとサボっていると思われたり、仕事ができないと思われたりするのが嫌で、多くの残業が発生するといった現場もよく見てきました。より最速で開発を進めるためには時間での見積もりは不向きと言えます。

Tシャツサイズ

　SMLといったTシャツのサイズに置き換えて見積もる方法です。Tシャツを選ぶ時、今日のサイズをわざわざ測ってTシャツのサイズと見比べたりしなくても、大体自分によいサイズをSMLから選びます。同様に他人について考える時も、「この人はSサイズだな」などと選択肢を絞って選ぶことができます。日本でもかつては大中小などで見積もった時代もありました。全体的なボリューム感がわかるのでこちらの方法もよく使われます。

ポイント

　最後に紹介するのは「ストーリーポイント」です。先述したTシャツのサイズが数字になったものと言えるでしょう。1、2、3、4、5……といった一般的な数え方でポイントを付ける場合もありますが、1、2、3、5、8、13……のフィボナッチ数を利用することが多いです。

　時間をフィボナッチ数に置き換えるケースもありますが、この方法は時間の見積もりと同様のメリット・デメリットが発生します。
　ここでは時間ではないポイントで付けることをお勧めします。

　フィボナッチ数を使う理由は、いろいろな考察や論文の類がありますが、筆者の実感では、数字の選択がイメージしやすいのがお勧めのポイントのひとつです。1、2、3は通常の数と同じですが、次の5はふたつ空くので、「3の倍までは行かないけれど、3よりは大きい」といった判断が行われます。次の8は、「3のチケットの倍よりちょっと大きいくらい」といった判断をすることになります。次は13になるので、チームでどれくらいの感覚でポイントを付けるかによりますが（スプリントが進むとチーム独自の感覚が共有されるものです）、「13だと大きすぎるから分割する」といった運用ができます。

ポイントの付け方

　どの方法を採用するでも同じですが、ひとつかふたつ、基準になりそうな作業を決めるとよいでしょう。「日常的に行う○○の作業を3とする」といった感じです。基準も時々見直しましょう。

誰がポイントを付けるか

　誰がポイントを決めるかについては、可能性としては次の3ケースが考えられるでしょう。

　　①プロダクトオーナー（以下、PO）が付ける
　　②スクラムマスター（以下、SM）や開発の中心人物が付ける
　　③開発者が付ける

　最初に結論を言うと、スクラムの推奨は③の「開発者が付ける」です。①と②は一人で付けるので、時間は短いのがよさそうに思えます。しかし、開発者は一方的にポイントを押し付けられていると感じるかもしれません。
　また、①の場合はPOが付けるので、POが開発のことをよく知っておく必要があります。ですが、PO一人でポイントを付けるような状況では、あまり知らない可能性が高く、正確に見積もるのはむずかしいでしょう。
　②の場合でもポイントを付ける人個人のスキルに左右されます。顧客のこと、開発メンバーのこと、仕様のこと、技術のことなど、すべてを理解できる人であれば正確な見積もりが出せますし、作業も進めやすいでしょう。ただしそのような人材がいることは稀で、見積もりの誤差は大きくなります。結果として①と②の方式はスクラムでは行われません。もしこの方式で始まっているスクラムがあったら、開発者が付ける方法に変革していきましょう。

開発者がポイントを付ける

　③は実際に作業する人が複数でポイントを付けるため、時間がかかります。しかし、みなでポイントを付けるのでチーム内での意識の統一が行われます。みなで付ける場合にはプランニングポーカーといった手法でポイントを付けることが多いです。

① POからチケットの目的・内容を説明する
② 開発者からチケットを実装するための質問を行う
③ それぞれがポイントを付ける
④ 各人のポイントに大きな差がある場合、その根拠を説明する
⑤ 説明を受けて最終的なポイントを出す
⑥ 全員の平均点を出しストーリーポイントとする

平均をそのまま使ったり、フィボナッチに近い数字を使ったり、最終的なポイントを出す際に最大値と最小値を除いたりといった工夫をするチームもあります。切り捨てや四捨五入などもチームで決めて利用してください。

　大切なのはみなでポイントを付けることと、ポイントに差があった場合にポイントの離れている人に根拠を聞くことです。大きい人や小さい人の根拠を聞き、必要であれば変更します。変更がない場合も平均を算出してストーリーポイントとします。

　各人がポイントを出し終わるまでは、なるべく他の人を誘導するような発言、リアクションは慎みましょう。誰かに影響を受けてしまうと、正しく見積もれなくなってしまいます。

　ポイントが大きな人の説明を聞くと、想定し忘れなどが発覚したりします。逆にポイントが小さい人の話を聞いたら、実際は簡単に終わる作業だということがわかったりします。このようにポイントを付けることで、チーム内での認識のズレを発見し、だんだんとチームで近い感覚を持てるようになります。

品質保証部門やテスター、デザイナーなど多様な専門性を持つ人が参加している場合、見積もりは専門の人に任せがちですが、筆者はみなで一緒に見積るようにしています。たとえば品質保証部門から「これこれを組み合わせたテストをする必要がある」と説明されると、実装者が想定不足に気づくことができ、チームとして知識の共通化と成長が見込めます。

あまり慣れていない間は深く考えずにポイントを付けていきましょう。

プランニングポーカー

簡単そうに見えるけど、セキュリティの仕組みが必要です。

この仕様をテストする場合は、テストケースが多くなりそうです。

プログラムの修正は1ヶ所で済みます。

プランニングでは差異があってもそのまま進んでいきますが、プランニングの時間内で根拠に納得できなかったり、理解できなかったりした場合は、プランニング後に時間をとってメンバー間の理解をすり合わせましょう。仕様のことに限らず、実装やテストのことも含め、不明なままにして進まないようにしてください。
時間が取られて大変だと思うかもしれませんが、理解できなかったメンバーに少しずつ知識がついていくと、チーム内での共通認識を持つことが可能になります。チームとしての成長を目指しましょう。

ポイントをどこまで付けるか

　ポイントはどこまで付ければよいかというと、チケットの数がそれほど多くなければ、すべてに付けてください。

　たいていの場合、チケット数はとても多く、決められた時間内ですべてのチケットにポイントを付けるのは難しいでしょう。その場合はまず、全体についてTシャツサイズなどでざっくりと見積もりを行い、直近のスプリントに必要なものについてはしっかりと見積もりを行いましょう。

　最初のスプリントであれば、目安もないので、どれくらいだったらスプリント期間で完了させられるかをディスカッションしてスプリントバックログとしましょう。

ベロシティとは

　ここでベロシティという言葉について説明します。ベロシティとはスプリントで完了させたポイントの実績値です。ベロシティはスプリントごとに変わります。

　またベロシティはポイントから導き出されるので、チームごとに基準が異なります。他のチームのベロシティが100で、自分達のチームのベロシティが50だったとしても、決して進みが遅かったり、作業が少ないということにはなりません。

　この基準となるベロシティは、すでに完了したスプリントの平均値から算出します。直近3スプリントのベロシティの平均を「昨日の天気」と呼び、次のスプリントでどれくらいのポイントのプロダクトバックログアイテムが完了するかの目安になります。直近の1スプリントの値を元にするだけでもそれなりの精度にはなりますが、実際には毎スプリントでいろいろなことが起きます。ポイントの付け方や管理が上手くいかずに完了時のポイントがとても大きくなったり、長期休暇などで極端に作業時間が少なかったり、といった具合です。平均をとることでそれらを吸収できます。

ベロシティの算出

新しいスプリントでもメンバーの増員が行われたり、休日が多かったりといった要因も出てきます。そのような場合は、それまでの平均に新たな要素を加味してベロシティを補正しましょう。

10
スプリントプランニングのチケットを見積もる

いろいろな事情が出てくれば、その都度チームで話し合って目標を設定しましょう。

スプリント数がまだ少ない場合の決め方

　完了したスプリントが3回に満たない場合は、それまでに完了しているスプリントを参考にします。最初のスプリントの場合は基準がまったくないので、いったんどれくらいできるかを開発者で話し合って決めましょう。次回以降でそのスプリントで完了したものを基準にベロシティを計測します。

　改善が繰り返されるので、ベロシティはスプリントを繰り返すに従ってだんだんと高くなっていきます。

スプリントバックログへの移動

　そのスプリントでどれくらいのチケットを完了できるかが決まったら、そのプロダクトバックログをスプリントに移します。

バックログをスプリントに移動させる（Jiraの場合　➡P166）

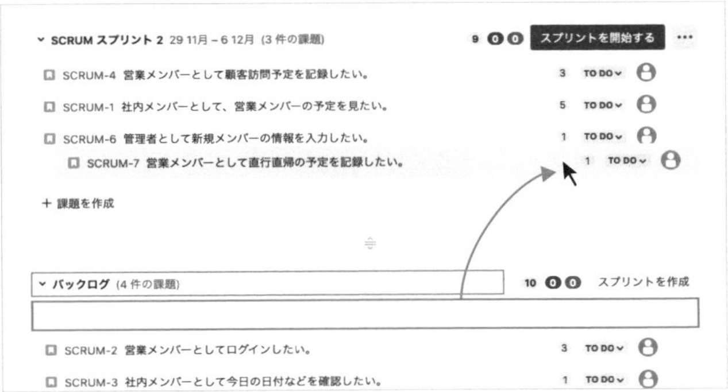

　これでスプリントバックログが完成しました。

POINT
・スプリントバックログに入れるチケットを決める
・スプリント内で完了できるように各チケットの見積もりを行う
・チケットの見積もりはポイント付けで行うとよい

Section **11**

ワーキングアグリーメントを決める

スプリントバックログの準備ができましたので、すぐにスプリントを開始することができますが、スプリント全体のイベントをいつやるのかをこの段階で予定しておきましょう。

スクラムイベントのスケジュールの設定

　メンバー全員が同じ部屋にいるようなケースであればすぐに招集できますが、リモートワークではすぐに招集できない場合もあるので、事前にスケジュールしておくとよいでしょう。たとえば1週間スプリントの場合のスクラムイベントは次のようになります。

1週間スプリント内のスクラムイベントの例

- ▶ デイリースクラム：毎朝 10:00 〜 10:15
- ▶ スプリントプランニング：月曜日 10:15 〜 12:15
- ▶ スプリントレビュー：金曜日 16:00 〜 17:00
- ▶ スプリントレトロスペクティブ：金曜日 17:15 〜 18:00

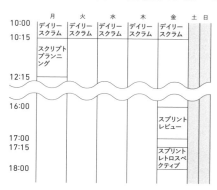

2週間の場合は次のようになります。

2週間スプリント内のスクラムイベントの例

- ▶ デイリースクラム：毎朝 10:00〜10:15
- ▶ スプリントプランニング：第1月曜日 10:15〜12:00, 13:00〜15:00
- ▶ スプリントレビュー：第2金曜日 14:00〜16:00
- ▶ スプリントレトロスペクティブ：第2金曜日 16:30〜18:00

時間	月	火	水	木	金	土日	月	火	水	木	金	土日
10:00	デイリースクラム	デイリースクラム	デイリースクラム	デイリースクラム	デイリースクラム		デイリースクラム	デイリースクラム	デイリースクラム	デイリースクラム	デイリースクラム	
10:15	スクリプトプランニング											
12:00												
13:00												
14:00											スプリントレビュー	
15:00												
16:00												
16:30											スプリントレトロスペクティブ	
18:00												

スクラムガイドには1ヶ月スプリントの場合の最大の時間が記載されています。

1ヶ月スプリントの場合の各スクラムイベントの最大時間

- ▶ デイリースクラム：15分（スプリントの長さに関係なく同一）
- ▶ スプリントプランニング：最大8時間
- ▶ スプリントレビュー：最大4時間
- ▶ スプリントレトロスペクティブ：最大3時間

　スプリントレビュー・スプリントレトロスペクティブ・スプリントプランニングと同日に行うチームも多くあります。参加者のスケジュールに合わせて調整を行いましょう。プランニングを別日にする場合は、レトロスペクティブが終わってからの時間が空くことがあります。このような時間を利用して、「完成の定義」の拡張（テスト自動化・デプロイパイプラインの自動化など）や技術的負債の返済（まとまった規模のリファクタリングなど）などを行うとよいでしょう。

　同日にすべて行う場合は、イベント間などに適時休憩を入れましょう。オンラインであってもチャットなどで呼びかけ、リラックスした雰囲気でイベントを進められるようにぜひ工夫してください。

イベントの時間の調整

　前項の1ヶ月スプリントの最大時間はあくまでも目安ですので、プロジェクトによって短くしてもよいでしょう。1ヶ月未満のプロジェクトの場合はスプリントの長さに合わせて計算します。

　一般には1週間か2週間スプリントが多いです。1週間スプリントで割合で調整するとレトロスペクティブが45分と短くなってしまいます。チームメンバーの人数などによっては十分にふりかえれない場合もあると思います。そのような場合は時間を伸ばしましょう。

　最大時間についてもプロジェクトに合わせて調整してよいですが、最大時間を超える場合は何らかの問題があると考えたほうがよいでしょう。改善ポイントを探し、なるべく最大時間内に収まるようにします。

　P042でも少し触れましたが、月曜始まりの金曜日終わりはペースを作りやすい反面、ハッピーマンデーで月曜日祝日になる可能性が高く、金曜日も週末に合わせて有給を取る人もいて休日でリスケする時に他の予定などとバッティングしやすいリスクはあります。
　開始時にはまず、開発期間のカレンダーを眺めて祝日などを確認しましょう。スプリントをどの曜日で開始しても、スプリントを繰り返して行くとリズムに慣れてきますので、状況に合わせて決めてください。

スケジュールを共有する

　スケジュールが決まったらみなで共有しましょう。共有方法に関しては、共有カレンダーがあればそこにスクラムイベントを書き込みましょう。オンラインの共有カレンダーであれば、チームカレンダーを作成します。スクラムイベントや開発メンバーの休みの予定などを書き込んで、いつでも確認できるようにしましょう。

> **POINT**
> ・スクラムイベントのスケジュールを決める
> ・イベントの長さはスプリントの長さによって変わる
> ・スクラムイベントはカレンダーで共有する

デイリースクラムの進め方

デイリースクラムはスプリントゴールを達成できるように、毎日決まった時間にコミュニケーションを行う場です。ここでは、デイリースクラムのポイントを紹介します。

デイリースクラムのポイント

デイリースクラムのファシリテーターはスクラムマスターが担当します。スプリントゴールが達成できるか否かにフォーカスしてデイリースクラムを進めましょう。

スケジュールの設定

デイリースクラムは決まった時間にスケジュールしましょう。毎日・同じ時間・場所で行うと余計なことに頭を悩まさずに済みます。オンライン・オフラインのどちらで開催する場合も同様です。所要時間は最大15分間です。

デイリースクラムは、開発者がただ進捗報告を行う場ではありません。他のイベントと同様に、最終のゴールはプロダクトゴールを完成させることです。デイリースクラムはそれを達成するための手段のひとつで、日々の活動を円滑に進めるために行います。

デイリースクラムのスケジュール

	月	火	水	木	金	土	日
10:00	デイリースクラム	デイリースクラム	デイリースクラム	デイリースクラム	デイリースクラム		
10:15							

質問と回答を形骸化しない

　デイリースクラムではスプリントゴールを達成できるかを話します。開発者全員が話せるように工夫しましょう。

　デイリースクラムでは計画通りにチームが進んでいるか確認し、作業の調整を行います。もし問題があればスプリントバックログの調整を行い、開発メンバーがその日の作業の集中できるようにする必要があります。そういった阻害要因がないかをとくに話し合いましょう。

　2020年までのスクラムガイドには、次のような質問をするとよいと記載がありました。

2020年までのスクラムガイドに記載されていた質問例

- ▶ 開発者がスプリントゴールを達成するために、私が昨日やったことは何か？
- ▶ 開発者がスプリントゴールを達成するために、私が今日やることは何か？
- ▶ 私や開発者がスプリントゴールを達成する上で、障害となる物を目撃したか？

　このフォーマットは現在もよく使われていますが、2020年版のスクラムガイドでは削除されています。筆者も以前はこのフォーマットの質問を使っていました。しかしある時からデイリースクラムが形骸化してきているとも感じました。習慣化するのはいいことですが、回答まで習慣化されてしまうと、デイリースクラムが意味のないものになってしまいます。

　プロジェクトによって、メンバーも違えば扱っているプロダクトも違います。スクラムマスターは注意深く開発メンバーを見るとともに、話しやすい雰囲気を作りましょう。

実りのあるディスカッションを目指す

　デイリースクラムでは、オンラインなら画面共有でバックログを映し出したりしながら、開発メンバーがひとりずつ話します。その日の作業で問題になりそうなこと、他のメンバーと共有する必要があることを中

心に話してもらいましょう。

　はじめはコミュニケーションに慣れていないこともあるので、「デイリースクラムは困っていることがあればなんでも話してよい」と伝えましょう。これはデイリースクラムに限りませんが、スクラムはプロダクトのためであると同時に、開発メンバーのためのものでもあります。開発メンバーが安心して発言、開発できるように工夫します。

　たとえば、次のような内容を引き出せると成功です。

引き出したい内容の例

「昨日の実装作業でこのような問題にぶつかってしまいましたが、どなたか解決方法を知りませんか?」

「共有ライブラリに変更を入れたので、関連する方は注意してください」

「本日早退しますので、急ぎの対応が必要な場合はその前に連絡ください」

話す内容の優先事項

　発言が進むとチケットや問題の詳細に踏み込む議論になりかける場合があります。みなでコミュニケーションを行うのはよいことですが、デイリースクラムでは「チームの問題を共有すること」を優先してください。開発メンバーに話を聞いてもし問題があれば、デイリースクラムで時間が余ったら話すようにしましょう。

　余らなかった時は問題によって次のアクションをスクラムマスターが中心となり決めてください。

デイリースクラムの外で行う優先順位の低い議論

- ▶ チケットのコメントや Slack などで共有する
- ▶ デイリースクラムが終わった後に、共有が必要なメンバーのみ残って続きを行う
- ▶ 別途ミーティングを設ける

なお、何人かのメンバーのみでミーティングを行った場合、チケットやチャットツール、デイリースクラムなどで他のメンバーとぜひ共有してください。分科会のような会議が増えてくると、スクラムチームとしての協調の強みが減じます。

デイリースクラムの中で、プロダクトバックログアイテムの見直しの必要性が出た際は、別途リファインメントで解消しましょう。

バックログリファインメント

リファインメントではプロダクトバックログのアイテムの優先順位や記載内容の見直しを行います。リファインメントはスクラムイベントには組み込まれていませんが、関係者を集めてスプリントプランニングの準備として定期開催するのが一般的です。

リファインメントが不十分だと、スプリントプランニングの時間が長くなったり、準備不足な状態でスプリントを進めてスプリントゴールを達成できないといった事態が発生します。常にバックログアイテムを適正な状態に保つことが必要です。

スプリントをよりよく運営していくためには、スプリントの10%以下の時間を使って、スプリント中にリファインメントを行いましょう（バックログのほかにも、インセプションデッキ、ユーザーストーリーマッピングなども見直し対象です）。一度作ったら作りっぱなしではなく、常にリファインメントを行うことで、プロダクトゴールの実現が近づきます。

オンラインで円滑に進めるために

オンラインでのデイリースクラム実施時に「ミーティングURLがわかりませんでした」、「時間を間違えてました」、「前のミーティングが伸びて遅れました」といった言葉を聞くことが多いかもしれません。デイリースクラムに限ったことではないですが、なるべくシンプルなルールでデイリースクラムに参加することのハードルを下げましょう。

筆者が実際行った改善策は次のようなものです。

筆者が行った改善策

▶ カレンダーやチャットツールにミーティングの URLを記載しておく
▶ チャットツールなどに事前通知を行う
▶ プロジェクトに 100%コミットしてもらう

　「プロジェクトへの100％のコミット」はもっとも重要な条件のひとつだと思いますが、実際のところ、掛け持ちする方は多いのが日本の実情でしょう。「100％コミット」を目指しますが、難しい場合はなんとか時間通りデイリースクラムに参加できるように交渉してみましょう。他の参加者も次の予定に遅れてしまいかねないので、なんらかの改善を取り入れてくれる可能性は高いはずです。

共有の見える化
　筆者の関わったプロジェクトでは、開発メンバー同士が頻繁にSlackのハドル（音声会話）を使ってコミュニケーションを取るようになりました。コミュニケーションが取れてとてもよかった一方、他のメンバーに会話の内容が伝わりません。
　対策として、ハドルを行ったあとは箇条書きレベルでよいので、内容をチャンネルに共有するようにしました。このようにしておくと、あとから検索で内容を確認できるということもオンラインのメリットです。

> POINT
> ・デイリースクラムは毎日同じ時間・同じ場所で行う
> ・単なる報告会にしない
> ・コミュニケーションを活発に行えるようにする

日々の作業の進め方

開発者はスプリントバックログに従って作業を進めます。その際にもさまざまな問題が出てくることがありますので、そのような時にどう進めるとよいかを見ておきましょう。ホワイトボードでも運用できますが、ここではJiraのようなチケット管理ツールを用いて運用することを前提に説明します。

アイテムの作業時の注意点

　スプリントプランニングを通して、スプリントで何を行うのかはすでに決定されています。

　スプリントバックログアイテムは優先順に並んでいますので、その上位から、自分にアサインされたアイテムを実行していきます。

　スプリントバックログアイテムの作業時に不明な点や問題が出てきたら、すぐに開発メンバーやプロダクトオーナーに確認します。チケットなどのコメントで不明点を聞いて、ディスカッションするのもよいでしょう。

同時実行するアイテムは絞る

　一度に実行するバックログアイテムは、絞ったほうがよいでしょう。いくつも途中まで実行して、処理中の状態のアイテムが多いのは好ましくありません。スプリントを進めていくうちに、実行中のアイテムばかりが多くなり、どれも完了していない場合は注意しましょう。

デイリースクラムで内容や優先順位に問題がないか確認

　デイリースクラムではスプリントゴールが達成できるかどうかに注意してスクラムメンバーの状態を確認します。バックログアイテムの内容や優先順位の変更が必要になった場合は、プロダクトオーナーと協力して適切にスプリントバックログの変更を行いましょう。デイリースクラムで重要なのは、問題について最速で対応できるようにすることです。

タスクボードを作る

　スプリントバックログアイテムが決まったら、そのステータスを見やすいようにタスクボードを作りましょう。

　ホワイトボードに作成してもよいですし、JiraやTrelloなどを用いてもよいでしょう。作業を分類するステータスに決まりはないですが、次のようなものがあると便利です。

ステータスと意味

ステータス	意味
TO DO	スプリントで実行することになっているがまだしかかっていないチケット
進行中	現在しかかっているチケット
完了	レビューが完了してリリース可能な状態

　そのほかにも、「レビュー」や「デプロイ可能」など、必要に応じて追加しましょう。運用で大切なのは、ステータスを変更するのはいつかということです。

　修正が完了した時点か、ステージングでの確認が完了した時点かなど、チーム内で明確にしておきましょう。

作業状態に合わせてステータスを変更する（Jira）

　このステータスはチームによってカスタマイズ可能ですので、チーム事情に合わせて変更しましょう。

作業の完成

　開発者は、それぞれのバックログアイテムの「受け入れ条件」（P107）をクリアできているかの確認を行ったら、バックログアイテムを完了します。確認する環境が十分に用意されている場合は、完成とともにプロダクトオーナーやスクラムマスターに共有することをお勧めします。

　早くプロダクトオーナーに見せることにより、プロダクトの完成度を高めることができます。またプロダクトオーナーは受け入れ条件を満たしているかの確認を事前にできるので、そこで気づいたことを次回の受け入れ条件の作成時に役立てることができます。

作業の増減があった時は

　ひとつ注意が必要なのが、当初想定していた作業に増減が発生した場合です。チケット化した時点での想定漏れ、受け入れ条件の過不足、想定結果が違った場合など、いろいろなケースがあるでしょう。

　そのような場合は、プロダクトバックログアイテムの優先順位の変更やプロダクトゴールの修正などを行います。その際にはプロダクトオーナー、スクラムマスター、開発者の全員の協力が必要です。また、残業をしないと受け入れ条件を満たせないような変更は間違っていますので、スプリントの終わりにどこまで行うかをしっかりと話し合いましょう。

　すべてのスプリントバックログアイテムが完了したら、スプリントレビューに向けて準備を行います。

　追加作業に備えて、プランニング時点で割り込みバッファーをとっておくとよいでしょう（運用はP170参照）。

POINT
・日々の作業はバックログアイテムのステータスに反映させる
・問題があった場合はデイリースクラムで解決を図る
・想定外の作業の増減があった場合は優先順位やゴールの修正を行う

スプリントレビューの進め方

スプリントレビューはステークホルダーや関係者にスプリントでのインクリメント（成果物）を提示し、スプリントで何を成したか、何ができるようになったか、これからどのように進めていくかを話す場です。

スプリントレビューの意義

　スプリントレビューは、ステークホルダーにインクリメントを見せることで、スプリントで作り上げたものがステークホルダーの欲しかったものから外れていないかなどのフィードバックを得るためのものです。

　この結果、スクラムチームが目指すものとステークホルダーが期待するものがより一致するようにします。スプリントレビューをただの報告会にせず、ステークホルダーとの良い関係を作り、プロダクトゴールを達成する足がかりにしましょう。

スプリントレビューの目的

具体的な進め方

具体的なスプリントレビューの進め方について、一例を紹介します。目的を達成するためには、この順番に縛られる必要はありません。目的のためにスプリントレビューを最適化してください。

スプリントレビューの進め方の例

① 参加者の決定と招集
② デモや報告の準備
③ 報告
④ フィードバックを受ける
⑤ 次のアクションの決定

① 参加者の決定と招集

スプリントレビューには関係者のだれでも参加できます。プロジェクトのステークホルダーはもちろん、品質保証の部署員やマーケティング担当者など、関係のある人すべてが参加可能です。顧客に参加してもらって感想を聞くこともできますが、その場合は時間がいつもよりかかる可能性があるので、別の機会を設けるのがお勧めです。

ステークホルダーや関係者のスケジュール調整は難しい場合があるので、参加すべきステークホルダーに的を絞ってスケジュールを調整しましょう。

ステークホルダーにスプリントレビューの重要性を伝えておくと、優先順位を上げてくれるため、スケジュールの調整がしやすくなります。

② デモや報告の準備

スプリントレビューでは、スプリントでのインクリメントをデモすることが一般的です。受け入れ条件次第ですが、実際に動く状態を参加者に共有できるように準備します。

スプリントゴールを達成し、完了した内容を共有する流れを考えてアジェンダを作成しましょう。とくにオンラインでは、実際に共有することが多かったり、回線が不安定な場合などは、事前に動画を撮っておい

てレビュー時に再生するとよいでしょう。

　また、スプリントの成果に技術調査やアーキテクチャのような専門性の高いものがある場合、フィードバックができる専門家や他チームの人などもレビューに呼ぶことをお勧めします。

APIの作成など、実際に動かして伝えるのが難しい場合は、Postman（APIの設計・構築・テストなどが行えるプラットフォーム）やcurlコマンドの実行結果を伝えたり、スプレッドシートに結果を貼り付けたりするなど、参加者がわかりやすい形で伝えるとよいでしょう。

③報告

　②で準備した内容を伝えていきます。発表の分量によっては、途中で質問や意見を受け付けてもよいですが、最後までレビューできるようにスクラムマスターやプロダクトオーナーは時間配分に注意してください。

④フィードバックを受ける

　デモした結果についてフィードバックを受け付けます。知らない知識を聞ける場合もありますし、プロダクトのゴールに対するステークホルダーの考えを伺えるチャンスです。良かった悪かったなどよりも、プロダクトゴールに対してずれていないか、インクリメントは価値を生むかなどを聞いて、今後のスプリントで行う作業の参考にしましょう。

ステークホルダーだからといって一方的に意見を仰ぐのではなく、その先にあるゴールについてディスカッションすることが大切です。

⑤次のアクションの決定

　ひと通りインクリメントの検査とフィードバックを受けたら、次のスプリントで行うアクションを決定します。スプリントレビューの結果、スプリントゴールに対して達成できていない部分がある場合は、次のスプリントも継続して作業するか、いったん捨てて新たなチケットに取り掛かるべきかを決めましょう。

実際に次のスプリントで作業するか否かは、プロダクト
オーナーが判断し、スプリントプランニングを経て決定
されます。

デイリースクラムと同様、スプリントレビューも進捗報告だけにならないように注意しましょう。ステークホルダーの意見を聞き、正しいものが作れているかの判断を行い、次のスプリントの方針を決めるためのディスカッションの場と捉えるべきです。

スプリントレビューというネーミングから、かしこまった会を想像するかもしれませんが、小さな会社であればよりフランクにスプリントレビューを行ってもよいでしょう。場合によっては、リラックスできるスペースがあればそこを使ってもいいと思います。ときには会社を出て別の環境で行ってもよいでしょう。
大切なのは対話できるということです。ふだんあまり話す機会のなかった上司などとも積極的に会話しましょう。ただし、リラックスしすぎて会話の内容がその場だけで終わらないよう、しっかりメモを取ったり、チケットを発行したりしましょう。

POINT
・スプリントレビューはステークホルダーを交えて実施する
・チームとステークホルダーの認識を合わせることが大切
・デモは参加者にわかりやすい形を考える

スプリントレトロスペクティブを実施する

スプリントレビューが終わったらスプリントレトロスペクティブを行います。基本的にスプリントレビューと同日に続けて行う場合が多いので、休憩時間などを設けてリフレッシュしてから臨みましょう。

スプリントレトロスペクティブの参加者

　スプリントレトロスペクティブにはスクラムチーム全員が参加し、スクラムマスターがリードしてスプリントでの行動をふりかえります。スプリントレトロスペクティブを通して、次のスプリントがより良きものになるように改善ポイントを探します。

　スクラムチームはオープンであるべきなので、関係者たちが参加してもかいませんが、スクラムチームが安心して問題点や改善点を話せる環境が整っている場合に限りましょう。

　また、プロダクトオーナーとの関係がまだ浅く、緊張が解けない状況などでは、開発メンバーのみで行うことも可能です。ただし、スクラムチームではプロダクトオーナー・スクラムマスター・開発者が一体となって進める必要があるので、そのための準備期間として一時的な措置としましょう。

参加者については、開発者が安心して発言できるという点を最優先に判断してください。

スプリントレトロスペクティブの実施の流れ

　スプリントレビューが終了すると、すぐにスプリントレトロスペクティブが行われる場合が多いので、スプリントレビュー前に準備をしておく必要があります。

準備

　デイリースクラムなどで「スプリントレトロスペクティブで話したい」と出た話題や、スプリントを進めていく上で問題となっていた点などがあれば、それをメモしておきましょう。すでに解決できているものであればよいですが、まだ問題が続きそうであれば、テーマとしてスプリントレトロスペクティブで話し合います。大きな問題がない場合などはテーマを決める必要はありません。

　実施前にホワイトボードツールなどの準備を行い、みなのディスカッションが活発に行えるようにしましょう。ふりかえりのフレームワークを行う場合はそれぞれに沿った準備をしてください（ホワイトボードに枠や線を書いておくなど）。

ホワイトボードツールの準備（Miro）

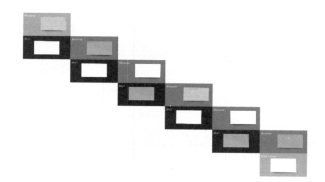

ホワイトボードツールにはMiro（P171）、MURALといったものがあります。また、オンラインミーティングツールには最近はホワイトボード機能が追加されていますので、そちらを使ってもよいでしょう。

オンラインツールの場合は、「retrospective」などでテンプレートを検索することでいろいろなふりかえりのテンプレートが使えるので、試してみましょう。図はMiroの「5 Whys（5つのなぜ）」のテンプレートです。

オフラインで行う場合は、会議室やチームエリアでかまいません、場合によっては、雰囲気を変えてオフィスやカフェなどで行ってもいいでしょう。大切なのはスクラムチームが安心して話せる場所であることです。

フレームワークを利用する

ふりかえりは、ただ漫然と話し合ってもなかなか実りのあるものになりません。このような時は、目的に応じて次のようなフレームワークのフォーマットを利用するとよいでしょう。

ふりかえりに役立つおもなフレームワーク

フレームワーク	概要
Fun/Done/Learn	Fun（楽しんだ）、Done（やった）、Learn（学んだ）の3つの領域に行動を分けて把握する手法
タイムライン	時系列に行動を配置して把握する
希望と懸念	「これからこうしていきたい」という希望と、「こんなことを心配している」と懸念から、今後の検討するテーマを決める
5つのなぜ	「なぜ?」の質問を5回繰り返して原因を深堀りする
Celebration Grid	失敗やチャレンジ、いつも行っている行動とその成否を6つの領域にわけて分類し、学びや気づきを祝う
KPT	Keep（継続）・Problem（問題）・Try（チャレンジ）に分けて改善のアイデアを出す
YWT	Y（やったこと）を通してW（わかったこと）を整理し、T（次）にやることを決める
感謝	助けてもらったこと、嬉しかったことなどを順に発表する

スプリントレトロスペクティブの具体的な手法については、下記のような専門の書籍を参考にすると、いろいろな手法が見つかります。

『アジャイルなチームをつくるふりかえりガイドブック 始め方・ふりかえりの型・手法・マインドセット』（森 一樹 著・翔泳社）

『アジャイルレトロスペクティブズ 強いチームを育てる「ふりかえり」の手引き』（Esther Derby & Diana Larsen 著、角 征典 翻訳・オーム社）

ふりかえりのルールを決める

　ふりかえりを実施する場合は、なるべくみなで会話できるように工夫しましょう。誰かが一方的に話して解決策を押し付けたり、問題点の掘り下げで個人への追及が続くような状態は回避すべきです。

　最初のふりかえりではDPA（Design the Partnership Alliance）という手法を使うのも効果的です。これは、どのような場の雰囲気にしたいかを決めるものです。どのような雰囲気でレトロスペクティブを行うか、その雰囲気を作るために何をするか、何をしないかなどを決めておきます。

　話し始める時のルールやリアクションのルール、オンラインツールの使い方など何でもよいでしょう。DPAで決めたことは、みなの見えるところに書いておくとよいでしょう。

DPAの決めごとの例

どんな雰囲気にしたいか

ポジティブな　　　楽しい雰囲気
雰囲気

話しやすい

その雰囲気にするためにどうするか

一方的な否定　　アイスブレイク
を行わない　　　を必ず入れる

発言が被った
らいったん発
言を止める

ルールが多くなりすぎたり、進めていくうちに窮屈になった場合などは見直しを行えばいいので、気軽に決めていきましょう。

ふりかえりを実施する

　ルールが決まったら早速ふりかえりを始めます。進行はスクラムマスターでなくてもかまいません。開発者にファシリテーターを担当してもらうと、新たな発見があったり、ただ聞いていた側から会議に一緒に参加する側へと意識が変わるので、チームのコミュニケーションも深まります。

　前述のようにフレームワークはいろいろありますが、みんなが発言できるように工夫しましょう。また、話していることがわかりやすいよう

に、常にホワイトボードにメモしたり、追記できるような仕組みにするとよいです。

ふりかえりの手法は毎スプリント同じである必要はありません。目的や状況に応じて適切なフレームワークを選びましょう。また同じフレームワークを続けていると同じような回答が繰り返されることがあります。新しいフレームワークを使ったり、決定のプロセスを変えるなどして変化を作ってください。雰囲気が変わるとまた新しい発言も出やすくなります。

　忘れないように、ふりかえりを行ったボードはキャプチャなどを撮って保存しておきましょう。もしくは上書きせずに別のシートを作成したり、別のスペースに新しいボードを作る形でもかまいません。後のふりかえり時に見直して、問題の解決に前進しているかを常にチェックできるようにしましょう。

ネクストアクションを決める

　いずれの手法を使ったとしても、ふりかえって終わりではありません。レトロスペクティブに慣れない時期は、時間オーバーになってしまい慌ただしく終了せざるを得ないこともありますが、その場合でも次のアクションを決めて終了するようにします。可能であれば、次のスプリントバックログに入れられるようにチームで話し合いましょう。

その場で決めきれない場合であれば続きのミーティングを設定する、担当を決めるといった形でもよいです。議題に緊急性がなければ次回に継続してもよいですが、必ずふりかえれるよう、大きく目立つようにマーキングしておきましょう。

　改善案が出た場合には、ぜひ改善のスプリントバックログアイテムを作成しましょう。完璧な解決ではなくても、1%の改善でできそうなら実施するアクションを決めるべきです。

たった1%でも、改善を繰り返すことで大きな変化が起こるといわれています。ふりかえりを繰り返すことで、チームの改善が進んでいくことになります。

ふりかえりのふりかえり

　ふりかえりの最後に、今日のふりかえりがどうだったのかもふりかえりましょう。ふりかえりのふりかえりを行うことで、ふりかえりの改善点を見つけることができます。

　しかし、なかなかミーティングの終わりに時間を取れない場合もあるので、ふりかえりの工夫をしましょう。

　通常のふりかえりの枠と別にふりかえりたいことがある場合などは、アイデアだけを非同期でホワイトボードやチャットツールに集めるなど、少しでも次のふりかえりが良くなるように定期的にふりかえるようにしましょう。

ふりかえりのアイデアをチャットツールで集める

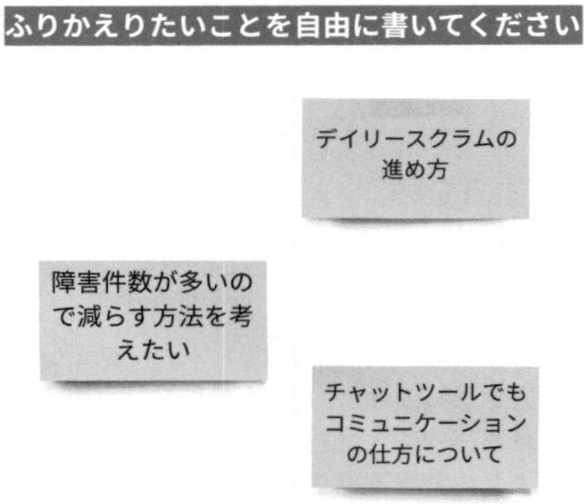

ふりかえりたいことを自由に書いてください

デイリースクラムの進め方

障害件数が多いので減らす方法を考えたい

チャットツールでもコミュニケーションの仕方について

フォロー

　ふりかえりで重要なのは作法や手法、フレームワークの使い方ではありません。みなが安心して話せて、意思の疎通ができることです。テクニックやルールにとらわれすぎて、ふりかえりの本質を忘れることがないようにしましょう。

　ときにはフレームワークに頼らない自由なふりかえりなどを行ってもよいでしょう。ただし、スクラムの学習ループのもっとも重要なイベントなので、いろいろな事情があっても極力開催するように努力しましょう。ほんの1%だけでも改善できるならば、プロジェクトは良い方向に向かっていきます。

レトロスペクティブの運営で参考になる URL

○プロジェクトファシリテーション 実践編 ふりかえりガイド（オブラブ）
（株）永和システムマネジメント　オブラブ 天野勝氏 作
http://objectclub.jp/download/files/pf/RetrospectiveMeetingGuide.pdf

○最初から完璧さを追求しない、「1%の改善」が金メダルにつながる
（ハーバード・ビジネス・レビュー）
エベン・ハレル：『ハーバード・ビジネス・レビュー』シニアエディター 著
https://dhbr.diamond.jp/articles/-/3980

POINT
・ふりかえりはスクラムの改善における重要なイベント
・ホワイトボードツールやフレームワークを利用して効果的なディスカッションにする
・改善案が出た場合は次のスプリントのバックログアイテムとして書き込む

テストの進め方

ソフトウェアやサービスの開発であれば、プログラム
が正しく動作するかのテストが必要です。テストを自
動化することで、スクラムの開発効率は格段に向上し
ます。

テストを自動化する

　スプリントバックログアイテムには「受け入れ条件」を記載しました
から、その条件を満たすようにテストを行う必要があります。プログラ
ムのテストでは一般的に「ユニットテスト」（完成した部品ごとにテス
トを行う手法）が用いられます。

　スクラムのテストは自動化するのが基本です。もちろん手動で行うケー
スもありますが、工程が多いと、スプリント中のテストフェーズが間に
合わずリリースできなかったりします。はじめにすべてが自動化されて
いなかったとしても、最終的には自動化しましょう。

> テストの自動化の重要性は、リグレッションテスト（プ
> ログラムの修正が行われた場合に他の機能に影響がない
> かの確認を行うテスト）のことを考えてもわかります。
> リリースごとに手動テストの仕様書を作成し、それにし
> たがって実行するのは大変ですし、修正が入れば仕様書
> の更新も必要になります。ドキュメントを常にメンテナ
> ンスし続けることは難しく、ましてや膨大なテストを手
> 動で行うことは不可能です。

自動テストを工程に組み込む

　ユニットテストを書き始めたら、テストをいつ実行するかの設計も行
いましょう。ローカルで各自実行するという方法もありますが、テスト

を実行するツールもよく使われます。Jenkins、CircleCI、TravisCIなどが有名です。またGitHub ActionsやAWS CodePipelineなどを利用することで、ソースコードに変更があった際に自動でテストを実行することもできます。自動テストが進めば、テストをクリアしていないソースコードを公開することがなくなり、デグレードの危険も抑えられます。なお、具体的な自動化の詳細については、別途解説書などをご参照ください。

GitHub Actionsのテストの実行例

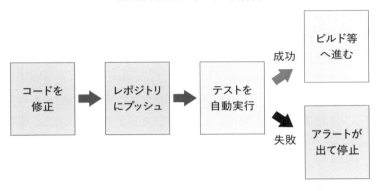

コードを修正 → レポジトリにプッシュ → テストを自動実行 → 成功 ビルド等へ進む / 失敗 アラートが出て停止

既存システムの改修などの場合、どこを直すとどこに影響が出るかわからず、初期の実装部分の改修を諦めるケースもあります。そのような場合はテストを書いていき、既存ロジックに影響が出ないことを確認しながら改修を進めていく方法もあります。はじめから100%のカバレッジ（網羅率）を目指す必要はありません。テストを書くこと自体が目的ではなく、開発を安心して進めることが目的ですので、新たにロジックを追加する部分から始めましょう。

自動テストの参考書籍

▶『初めての自動テスト —— Webシステムのための自動テスト基礎』
（Jonathan Rasmusson 著、玉川紘子 訳／オライリージャパン）

▶『テスト駆動開発』（Kent Beck 著、和田卓人 訳／オーム社）

受け入れテスト

　ユニットテストがすでに実行されていれば、受け入れテストは楽になります。もしチームに品質保証部門の担当がいるような場合であれば、仕様や受け入れ条件の策定の段階などから参加してもらうようにしましょう。適切な受け入れ条件が提示されていれば、開発者は実装で迷いませんし、ユニットテストのケースでも受け入れ条件についてテストすることが可能になります。

手動テストのケース

　理想ではないものの、手動でテストするしかないという状況ももちろんあるでしょう。このような場合は工夫が必要です。

　手動テストを行う必要がある場合は、スプリント内のどこでテストを行うのかを常に意識しましょう。「スプリント内にテストまで完了したリリース可能なものを作成する」という条件になっていれば、もちろんスプリント内でテストを完了させる必要があります。この場合、最後の数日はスプリントバックログアイテムについて修正する時間がなくなってしまいます。スプリントでの開発可能な日数が減ってしまうので、開発速度が落ちてしまうことを見込んでおきましょう。

手動テストで考える必要があること

月	火	水	木	金
バックログアイテムの作成と修正	バックログアイテムの作成と修正	バックログアイテムの作成と修正	バックログアイテムの作成と修正	バックログアイテムの作成と修正

↓

月	火	水	木	金	
バックログアイテムの作成と修正	バックログアイテムの作成と修正	バックログアイテムの作成と修正	テストの仕様確定	テストの実施	テストに時間がとられてしまう

手動テストの弊害

テストを手動で行う専門のメンバーが存在する状況だと、テスト実施まで手が空くことから、スプリント内に従来のウォーターフォール開発のような状況が発生します。原則として、ユニットテストやテストスイートなどを使ったテストの導入を一刻も早く検討するべきです。そもそもウォーターフォールでの開発の限界があるためにスクラムを導入しているはずですから、自動化は急務と考えましょう。

すべてのテストを完璧に自動化できるわけではないので、無理な部分があるからと効率化を諦めないでください。手動テストでも効率を上げる方法はありますし、工夫して品質を上げることもできます。なんとか余力を作って、テストを含めた開発が効率よく行えるようにしましょう。

最初はスプリントの期間を長くするのも手

テストの自動化やスプリント内でのテスト完結は、はじめは難しいと思います。とくに1週間スプリントの場合は慌ただしいばかりで、慣れないとテストまで完了できなくなりがちなので、慣れるまではスプリントを長くすることも検討しましょう。

よくないのは1週間でリリースしなければいけないからと、テストを省略することです。スプリントが終わったら「ユーザーが実際に使っても大丈夫」という状態を目指しましょう。

> **POINT**
> ・スクラムのテストは自動化するのが基本
> ・テストを手動で行うとスプリント内の作業効率が落ちる
> ・手動テストの場合はスプリント内でテストにかかる時間を見込む必要がある

リリースプランニングの考え方

ソフトウェアの開発の場合は本番環境にデプロイする必要があります。スクラムの場合、スプリントごとにインクリメントが生成されるため、リリース計画をどのように考えるか見てきましょう。

いつでもリリースパターン

　リリースの頻度により、スプリントで行う内容は変わってきます。最終的にどこまで目指すかによりますが、理想を言えば、何かの修正が入った場合に即リリースできる状態を目指すのがよいでしょう。

　継続的インテグレーション/継続的デリバリ（以下、CI/CD）を導入しているチームであれば、機能の追加や修正が完了したら、その時点でリリースすることが可能になります。十分な自動テストと本番へのデプロイプロセスが整備されていれば、本番環境に日に何度もリリースすることも可能です。

CI/CDの詳細については、本書では詳しく触れられませんので、別途解説書などをご参照ください。

即時リリース

スプリント同調パターン

　修正するごとにリリースできなくとも、スプリントごとにリリースできるのはスクラムの目的のひとつです。スプリントの期間とリリースまでの手順が関係しますが、1週間といった短いスプリントの場合はとくに自動テストが必要になってきます。CI/CDは取り入れたほうがよいでしょう。CI/CDが整備できていない場合は手動でのテスト・リリースになります。手動でも運用は可能ですが、十分な開発期間を取れなくなり、ミスを防ぐために労力も取られるので、CI/CDの導入を急ぎましょう。

スプリント同調パターン

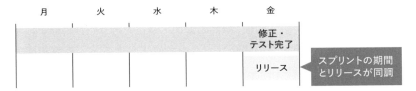

複数スプリント分をまとめるパターン

　さて、スプリント内でリリースを行わない（行えない）場合のリリースを考えてみましょう。いくつかのスプリントの内容をまとめてリリースを行う場合、スプリントの中に収らないので、スプリントと別軸でリリース計画を立てる必要が出てきます。

複数スプリントをまとめるパターン

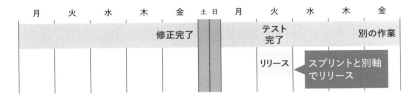

　スプリントを始める前のディスカッションの段階から、テストを書いて、CI/CDが実施できるようにチームで議論しましょう。安定したリリースのためには、CI/CDが不可欠です。スクラムの機動性を活かすためにもぜひ検討しましょう。

Chapter 3 | 小さな会社でスクラムを実践する

149

場合によっては、通常のスプリントを停止してリリースだけのスプリントを実行することもあります。緊急対応としてはよいですが、通常スプリントを停止すると開発と学習の速度が落ちてしまうので、スプリント内で終わる方法を模索するのがベターです。

CI/CD（継続的インテグレーション / 継続的デリバリ）

先ほどから何度か出てきましたが、アジャイル開発ではCI/CDが欠かせません。自動テストを行うことによってソフトウェアの品質を上げるだけではなく、開発のスピードも結果的に上がります。

テストには「ユニットテスト」や「E2Eテスト」などがありますが、自動テストを作成することで、機能の追加・修正を行うたびに簡単に実行できます。手動テストの場合は、途中で修正が入ると、影響範囲によっては再実行しなければなりません。この手戻りを防ぐために、ウォーターフォール的な工程になりがちです。自動テストであれば、工程に組み込むことで意図しない影響や不具合も発見しやすくなります。

デプロイの自動化

P145でも触れましたが、CircleCI、AWS CodePipline、Github Actionsなどを用いて自動的にテストの実行→デプロイを行うといったことが可能です。現在はインフラの構成も複雑になってきていますので、手動でリリースするのも限界があります。また、Infrastructure as Code（IaC）といってインフラもコードで管理されるようになってきています。自動化を進めることにより、人的ミスを減らすとともに、開発速度が上がっていきますから、ぜひCI/CDの導入を検討しましょう。

POINT
- スプリントごとにリリースする以外にもさまざまなパターンが存在する
- 何らかの修正が入った場合に即リリースできる状態が理想
- スクラムの機動性を活かすには CI/CDが不可欠

スクラム実践の環境を整備する

ここまでは、実際のスクラムに入って行うことを中心に解説してきました。ですが、従来のやり方からスクラムへと移行する場合、さまざまなことに配慮する必要があります。ここでは、契約などを含めたスクラムを導入・展開するための周辺的なノウハウを解説していきます。

スクラムの始め方

これまでのやり方を変える時は、誰でも躊躇するものです。周囲を説得できず、興味があってもなかなかスクラムを導入できないというケースはよく聞きます。ここでは、エンジニア、一般職、経営層の3者の立場からスクラム導入への道筋を紹介します。

エンジニアから始める場合

　エンジニアからスクラムを始めるには、まずはスクラムに直結しなくても、「開発の効率化」に着手するとよいでしょう。

　スクラムにならずとも、開発が楽になると時間に余裕ができ、新しいことに取り掛かることができます。

　本書でも何度か触れましたが、「開発の効率化」、「テストの自動化」、「本番リリースの頻度を上げる」などはスクラムを進める上で重要な位置を占めます。

開発の効率化の手法

　まずは開発の効率化から始めましょう。ユニットテストや結合テストで手動で行っていた部分を自動化します。さらにテスト駆動開発（TDD）を取り入れるのも開発の効率を上げるよい方法です。

　テストが書けたら次は、継続的インテグレーション/継続的デリバリ（CI/CD）に手をつけましょう。

　CI/CDは開発の効率化に加えて、本番リリースも容易になります。本番リリースが気軽に行えるようになるとスプリントでの完成の定義が明確になり、短いスプリントでも開発を進めることができます。

　ここまでだとまったくスクラムにはなっていないですが、CI/CDを習得しているのは大きな武器です。

スクラムの導入期には、多くのことを学び、実践する必要があります。ここでつまづくと各部署から批判にさらされ、正しくスクラムを運用するのが難しくなりますが、開発がすでに効率化されていれば、スクラムの導入によりプロダクトの完成度が抜群に上がるでしょう。

バックログの管理

下準備が整ったら、次はバックログです。GitHub IssueやJira、Pivotal Trackerなどを使ってプロダクトバックログ風に管理しましょう。

はじめは自分の業務のイシュー管理として使っていくのがよいでしょう。ここでツールの使い方にも慣れていきます。

エンジニア以外の人にもアピールするために、バックログをあえてイーゼルパッドと付箋で作成するのもよいでしょう。デジタルでもアナログでも基本は同じです。

開発期間が長ければ1ヶ月単位をスプリントと見立てて、バックログとして管理してみましょう。週での管理ができそうであれば、1週間スプリントとして始めてみましょう。

イシュー管理をバックログ化してみる

スクラム開発	プロジェクト / スクラム開発		
ソフトウェア プロジェクト	**SCRUM** スプリント 1		

計画
- ロードマップ
- バックログ
- ボード

開発
- コード

- プロジェクト ベ...
- ショートカットを追加
- プロジェクト設定

作業前 3 課題	進行中 1 課題	完了 1 課題 ✓
Dockerの準備 SCRUM-10	Jiraの使い方を覚える SCRUM-8	新しいプロジェクトメンバーのアカウント追加 SCRUM-9
GitHubの準備 SCRUM-11		
CI/CDについて調査する SCRUM-12		

周囲へのアピール

　ミーティングなどの際に現在のタスクの説明でバックログを持ち出し、すべてはこなしきれない業務や優先順位を上司に聞くなどしてみてください。

　ここまで来れば、ステークホルダーや上司の人もスクラムに興味を持つでしょう。スクラム導入のお願いをしてみましょう。

エンジニア主導のスクラム導入への流れの一例

一般職から提案する場合

　一般職の場合は、プログラマーのように技術面からは入れません。しかし、提案や改善案などを出す機会は多いと思います。実績なく交渉を進めるのは難しいので、スクラムイベントのうち導入しやすいものを選んで、まずは実際に試してみましょう。

レトロスペクティブが導入しやすい

　手始めの導入はレトロスペクティブがお勧めです。スクラムを正しく運用するためにも非常に重要なイベントであるとともに、ふりかえった後にネクストアクションを決められれば、新しい制度導入の足がかりにもなります。

> はじめのうちはファシリテートに不慣れでしょうから、KPT など、慣れたフレームワークがあれば利用するとよいでしょう。

　ふりかえりは決まったサイクルで設けるとよいでしょう。また、スクラムはプログラムの開発に限りませんので、プロジェクトや部署の活動に対してスクラムを行ってもかまいません。プロダクトゴールの部分はプロジェクトや部署のゴールです。ぜひゴールをみんなで考えてみましょ

う。全体の打ち合わせで「私たちのゴールは何でしょうか?」と聞いて
みると、新しい動きが始まるかもしれません。

次はバックログを作成してみる

　次に行うのはやはりバックログです。ToDoリストのように進めてく
ださい。スプリントの運用は少し先でもかまいません。もしオンライン
のツールを使うのであればJiraよりは、Trello（プロジェクト管理ツール）
やMiro（ホワイトボードツール）のほうが導入が手軽です。プログラ
ムマでないからと尻込みせず、ほんの少しだけでもスクラムを始められ
れば、時間とともに大きな変化になるはずです。

一般職主導のスクラム導入への流れの一例

| レトロスペクティブを導入する | → | ToDoリストをバックログ化する | → | 少しでも変化を起こして周囲への理解を促す |

経営者から始める場合

　もっともハードルが低いのは経営者です。組織変革や人材採用の権限
を持っているので、これからのプロジェクトに向いた布陣を敷くことが
できます。新しい人材を招き入れなくとも、定例会議の招集や、マネー
ジャーの任命などによってスクラムの体裁を整えられます。

会社の存在意義を見つめ直す

　ただし、体裁を整えただけでは真のスクラムにはなりません。まずは
会社についてふりかえりましょう。「我々の会社はなぜあるのか」「我々
は何をなすために存在するのか」などに答えられますか?　ビジョンステー
トメント、ミッションステートメントなどを見直してみましょう。もし
なければ、これらを作るところから始めましょう。P066でも解説しま
したが、これらが明確になっていないとプロダクトゴールも定めづらく
なり、ひいてはスプリントゴールの設定にも影響してきます。

メンバーを選ぶ

　次にやることは、全社に導入するのではなく、まずはひとつのスクラムチームを作ってください。プロダクト開発のチームがスクラム導入に最適です。そして、スクラムチームのメンバーの話を聞きましょう。

　もし、すでにスクラムの知見があるメンバーがいるなら、スクラムマスターに任命するのもよいです。プロダクトマネージャーやいままでプロダクトに関わってきた熱意あるメンバーをプロダクトオーナーにしましょう。役職者でないメンバーからプロダクトオーナーを選ぶ時も、あまり口出しせず、プロダクトに関する権限を与えます。

時間をかけて一緒に改善を試みる

　少しでいいので時間をチームに与えましょう。スクラムは1〜2週間で結果が出せるものではありません。といって、長ければいいというものでもありません。3ヶ月程度の期限を定めて、その時の状態を確認してみましょう。また、もし3ヶ月経って成果が上がってないように見えても、すぐにプロジェクトを停止しないでください。このチームが今後会社のスクラムの見本になるはずですので、一緒にふりかえりをして改善を試みましょう。

経営層主導のスクラム導入への流れの一例

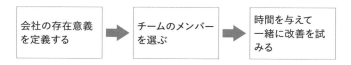

| 会社の存在意義を定義する | → | チームのメンバーを選ぶ | → | 時間を与えて一緒に改善を試みる |

> POINT
> ・エンジニアは開発の改善として実績を積み上げるとよい
> ・一般職は開発以外の面で実績を積み上げるとよい
> ・経営層はリーダーシップを取って環境を整備するとよい

オンラインツールを導入する

現在はリモートワークが主流になっているので、スクラムを進める上ではオンラインツールが欠かせません。ここではまだ導入していない方のために、JiraとMiroのふたつのツールの使い方についてご紹介します。

Jira を導入する

Jiraは、最大10ユーザーまで無料で利用できるプロジェクト管理ツールです。スクラムに限らず、ソフトウェア開発では広く利用されています。スクラムのテンプレートがデフォルトで用意されているので、面倒な設定を行わなくても、スクラムに合わせた環境を手軽に構築できます。
※本書に記載された情報は、2022年10月現在のものです。

Jiraの利用を開始する

まず、次のURLにアクセスして、「無料で入手する」をクリックします。

> https://www.atlassian.com/ja/software/jira

Jira Softwareが選択されたことを確認する画面が表示されるので、「次へ」をクリックします。10ユーザーまでは無料で利用できます。

　ユーザー登録画面が表示されるので、Gmailのアドレスかメールアドレスを入力します。

　Gmailを利用する場合、IDとパスワードを入れて認証が完了するとご利用のサイト名を入力する画面になります。

　Gmail以外のメールアドレスで登録した場合は、アカウントの検証とサイトの作成のためのリンクを記載したメールが送信されてくるので、そこから認証を行います。

ここではJiraに利用するサイト名を入力して「同意する」をクリックしましょう。なお、サイトは1つしか登録できませんので、会社名を含むなどきちんとしたものにします。

プロジェクトの設定

　「プロジェクトを作成する」画面が表示されます。

　まずは「テンプレート」です。デフォルトは「プロジェクト管理」となっているので、「その他のテンプレート」→「ソフトウェア開発」→「スクラム」→「テンプレートを使用」とクリックしてスクラムのものに変更します。

テンプレートはJiraの設定を事前に行ってくれる機能で、これから作成するプロジェクトに合わせて選択すると初期設定が楽になります。

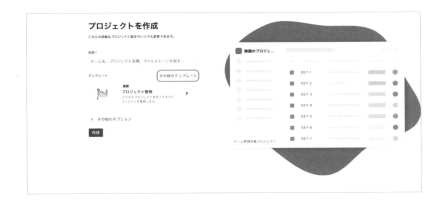

テンプレートを「スクラム」に変更

　次にプロジェクトのタイプを選択します。小さなチームで始める場合は「チーム管理対象プロジェクト」でよいでしょう。

　もし将来的に複数チームでの運用を考えているのであれば、この時点で「企業管理対象プロジェクト」を選択してもかまいません。

プロジェクトのタイプのおもな違い

	チーム管理	企業管理
カスタマイズ	簡易	複雑なことまで可能
管理	チームメンバーが行える	管理者の設定による
協調作業	自チームの課題のみボードに表示する	他のプロジェクトから課題を取り込むことができる
並行スプリント	ひとつのスプリントのみ実行可能	複数のスプリントを並行して進められる

　次に「名前」と「キー」を設定します。プロジェクトの名前は日本語も使用できるので、わかりやすいプロジェクト名を設定しましょう。

　キーは今後作成するチケットの最初の部分に付与される、アルファベット5文字までの文字列です。プロジェクトの略称などで作成しましょう。

プロジェクトが増えていった場合、どのチケットの話か間違わないようにキーで会話することもあります。わかりやすいものがお勧めです。

　設定が終わったら「プロジェクトを作成」ボタンをクリックしてください。

もしプロジェクトの作成が途中の状態で離脱などをしてしまった場合は、「プロジェクトを作成」ボタンから再開することができます。

次の画面でツールの選択画面になりますが、本書の解説では紙幅の都合により各ツールとの連携方法には触れません。スキップして、必要に応じてあとから連携しましょう。

　次にチームメイトの招待画面になりますので、招待したいメンバーのメールアドレスを入力します。あとから招待することも可能なので空欄で進めても問題ありません。招待する場合は、そのメンバーに招待権限を付与するかどうかも設定できます。終わったら「完了」ボタンをクリックしてください。

　この後、チュートリアルのダイアログが表示されるので、「ツアーに参加」をクリックして簡単な説明を見ておきましょう（それぞれの項目の説明は本書の以降でも触れます）。これでJiraを利用する準備が整いました。

バックログアイテムの作成

　続いてスプリントバックログアイテムとプロダクトバックログアイテムの作成を行います。画面でも、バックログの一覧画面が表示されているはずです。表示されていない場合は、左側のメニューから「バックログ」を選択してください。

画面はクイックスタートは非表示にした状態です

　画面の上部に「KEY スプリント 1」、下部に「バックログ」と書かれたふたつのエリアが表示されています。上部を「スプリントエリア」、下部を「バックログエリア」と呼ぶことにします。

　「スプリントエリア」の「＋課題を作成」をクリックして、最初のチケットを作成してみましょう。文字を入力してEnterキーを押します。作成したチケットをクリックすると、右側にチケットの詳細が表示されます。

　これがバックログアイテムの詳細画面になります。

一覧と詳細の間の区切り部分を左右に移動すると、表示面積を調整できます。見やすいレイアウトに変更してみてください。

　「説明」にバックログアイテムの説明などを記載します。将来的には、ここの項目や追加したフィールドなどに詳細な説明や受け入れ条件などを記載していきますが、いまの段階ではストーリーマッピングで作成したものと同レベルの内容をタイトル（Jiraのフィールド名では「要約」といいます）と「説明」で表現するとよいでしょう。

　次に、下部のバックログエリアでも、同様にチケットを作成してみましょう。

　Jiraではスプリントバックログアイテムは画面上部のスプリントエリアに配置します。そのスプリントで対応しないプロダクトバックログアイテムは、このバックログエリアに置いておきましょう。

バックログアイテムのタイプ

　ここまで作成したチケットは課題タイプを指定していないので、デフォルトである「ストーリー」というタイプで作成されていました。
　アイテムの作成時にタイプのアイコンの横の ∨ をクリックすると別のタイプが表示されます。初期設定では「ストーリー」になっており、そのほかに「タスク」と「バグ」が設定されています。

　ストーリーの中で必要になる細分化された作業などは、「タスク」で作成して漏れがないようにしましょう。また、開発を進めていて発生した不具合などについては、「バグ」を利用して管理しましょう。

　ここのリストに表示されていませんが、もうひとつ「エピック」というタイプが存在します。チーム管理対象プロジェクトの場合は、ロードマップから作成します。左メニューで「ロードマップ」をクリックすると、中央エリアには「どんな作業が必要ですか?」と表示されます。ここで、これまでのアイテムと同様にエピックを作成できます。

　右側でガントチャートのように期間を設定することもできます。概算の完成予定などを予想したい場合に利用しましょう。現時点ではとくに必要ありません。

エピックはストーリマッピングのバックボーンなどの管理にも向いています。その場合、そのバックボーンに含まれるストーリーをエピックに親子関係でぶら下げることもできます。

アイテムの関連付け

親子関係の話が出ましたので、関連付けの仕方をお伝えします。エピックやストーリーを選択すると、詳細画面には上部に「子課題を追加」ボタンが表示されます。このボタンをクリックすると、これまでのアイテム作成画面と同様のインターフェイスが表示されます。ここで親子関係を持つアイテムの作成ができます。

アイテムをスプリントバックログに配置する

ここまでで、チケット作成方法をひと通りお伝えしました。いくつか試しにチケットを作成してみましょう。

それぞれのアイテムはドラッグで移動できます。スプリントプランニングなどでは、そのスプリントで完了させるアイテムをスプリントエリアに移動します。ひとつずつアイテムを移動させてもよいですし、スプリントエリアとバックログエリアの間のアイコンをスライドさせても分け目を変更することができます。

　また、スプリントエリアのバックログを優先順位で上から並べ替えましょう。

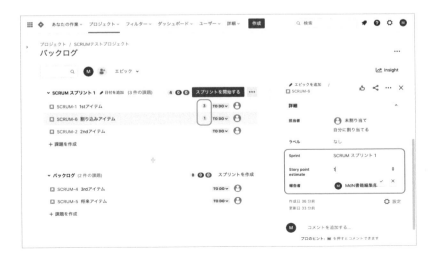

　スプリントバックログアイテムの候補が決まり、プランニングの際にポイントを付ける時は、アイテムにある「Story point estimate」の欄を利用します。ポイントを設定して、チェックマークをクリックすると反映されます。なお、ポイントは一覧から変更することも可能です。

スプリントを開始する

　これでスプリント開始の準備ができました。スプリントを開始する時は、スプリントエリアの右上にある「スプリントを開始する」ボタンをクリックします。クリックすると、スプリントの設定ダイアログが表示されます。

スプリントの設定項目

項目名	設定内容
スプリント名	スプリントの区別がつきやすい名前を入れます。初期設定で「KEY スプリント 通し番号」の名前がついているので、そのままでもかまいません。
期間	スプリントの期間を選択します。期間を設定すると、開始日を設定した際に自動的に終了日も設定されます。
開始日	スプリントの開始日です。時間の設定も可能ですが、それほど厳密に行う必要はありません。当日の始業時などに設定しましょう。
終了日	スプリントの終了日です。期間で「カスタム」を選択すると設定できます。
スプリントの目標	そのスプリントでのゴールを記載してください。

　スプリントを開始すると、ボードの画面に切り替わり、スプリントバックログアイテムが「作業前」のエリアに追加されています。

メンバーは、そのスプリントバックログアイテムの作業を始める際に、「進行中」に移動します。

　またこの時チケットの詳細画面から、「担当者」を選択して自分が担当しているということをメンバーに知らせることもできます。

　作業が完了した場合は「完了」へ移動します。このように上部に並んでいるものから順に作業を行いステータスを変更しましょう。

ボードでアイテムの状態を確認することができますが、
バックログの画面で一覧で参照することも可能です。

P132で触れた割り込みバッファーを設ける場合は、プロダクトバックログアイテムと同列で割り込みバッファーのバックログアイテムを作成しておきます。このバックログアイテムにはこれまでの割り込みから予想されるポイントを事前に振っておき、割り込みのたびに消化していきます。事前のポイントを使い切ったら、さらなる割り込みは次のスプリントに回します。バッファーの大きさはスプリントを進めながら適宜見直しましょう。

スプリントの完了

　スプリントが完了したらボードかバックログの右上にある「スプリントを完了」ボタンをクリックします。これでひとつのスプリントが完了しました。次のスプリントが始まるまでに新しいアイテムを事前に準備してプランニングに備えましょう。

　なお、完了しなかったアイテムは次のスプリントに自動的に繰り越されます。バックログから新たなアイテムをスプリントのエリアに移動して、次のスプリントの計画を立てましょう。これでJiraの使い方の基本を学べました。

　あとは、使いながらわからない箇所を調べたり、もっと便利な使い方がないかTipsを見てみたりするとよいでしょう。

Miro を導入する

ディスカッションではホワイトボードをよく利用します。オンライン
でホワイトボードを共有するにはいくつか方法がありますが、ここでは
Miroの使い方を紹介しましょう。

Miro の利用を開始する

まず、次のURLにアクセスして、メールアドレスを入力して「無料
ではじめる」をクリックします。

https://miro.com/ja/

名前、パスワードと入力していき、メールの認証を終えたら登録完了
です。次に質問に答えながらプロジェクトの設定を行っていきます。

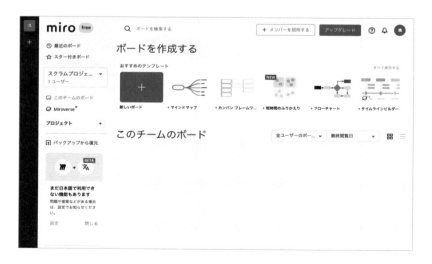

チームメイトを招待する画面が表示されますので、必要に応じて招待しましょう。ひとまずはスキップもできます。

ボードを作成する

次に初期画面が表示されます。

「新しいボード」をクリックすると、テンプレート選択画面が表示されます。

左側のカテゴリからさまざまなテンプレートを選択できます。

　上部の検索ウインドウにて「User Story Map」や「work Flow」
「retrospective」などと入力して絞り込むこともできます。
　本書で紹介したユーザーストーリーマッピングやバックログ、ふりか
えりなどに利用できる便利なテンプレートが利用できます。
　もちろん、ホワイトボードと同じ感覚ですので自分で線を引いて利用
するのもお勧めです。そのテンプレートをはじめて利用する場合は、テ
ンプレート選択画面のサムネイルをクリックするとプレビューや説明が
表示されるので、参考にしましょう。

付箋を作る

　付箋を作る時は、左のツールボックスから「付箋」を選択して、ボー
ドをクリックします。カーソルが出ている場合はそのまま文字を入力で
きます。出ていない場合はクリックすると入力可能な状態になります。
　付箋を選択した時にツールバーが表示され、付箋の色や文字の太さな
どが調整できます。

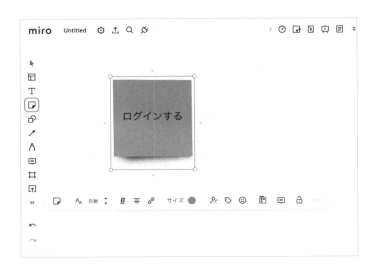

　付箋を見やすくなるコツとしては、日本語で少し長めの文章を書いていくと、文字が小さくなかなか改行してくれないので読みづらくなります。そのような場合はツールバーの「種別の切り替え」を選択して、横長の付箋を選択すると文字が大きくなって見やすくなります。

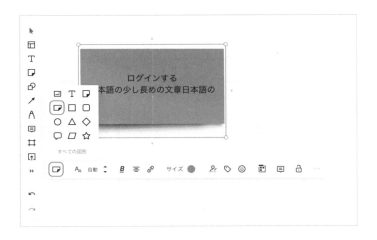

ボードを動かす時は、マウスの右ボタンでドラッグするか、スペースキーを押しながらドラッグします。

線を引く

　フリーハンド線を引く時は、ツールボックスで「ペン」を選択します。ツールのウィンドウが開きますので、円のマークをクリックして好きな色や太さに設定できます。3種類まで設定可能です。マウスをドラッグして線を引きます。そのほかにもハイライトペンや消しゴムなどが使えます。

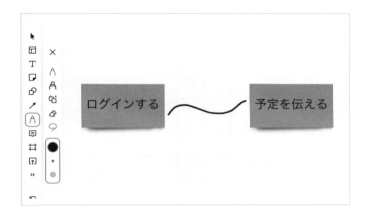

　直線を引く場合はツールボックスで「線と矢印」をクリックして、線を選びます。線の種類が選べて2点をクリックすると線が引けます。

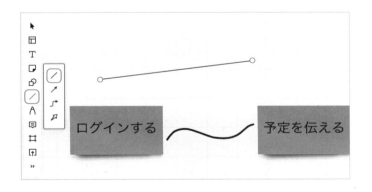

　好みもありますが、フリーハンドのほうが実際のホワイトボードに近い雰囲気も出ます。みなでディスカッションする際になごんで、会話が弾むこともありますので、状況にあわせて使い分けましょう。

スタンプ・絵文字を使う

　スタンプや絵文字も使えます。ツールボックスの「その他のツール」から「スタンプと絵文字」を選びましょう。

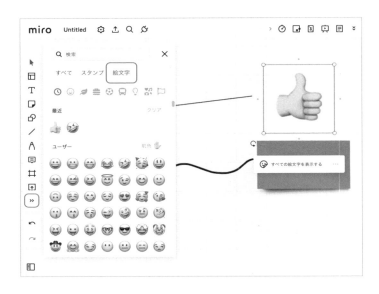

　メンバーの付箋にサムアップしたり、スターを付けたりして、ミーティングを盛り上げましょう。

　これでホワイトボードとして使う準備ができました。ここでは Miro を利用しましたが、他のツールでも利用方法はさほど変わりません。オンラインの作業でもコミュニケーションを活発に行いましょう。

POINT
　・リモートワークではオンラインツールが重要になる
　・スクラムのプロジェクト管理には Jira がお勧め
　・ホワイトボードツールは Miro が便利

スクラムと契約について

社内のプロジェクトで社内メンバーのみで開発を行っ
ている場合は契約の問題は出てきませんが、そうでな
い場合はこれまでの開発とは形態が変わるため注意が
必要です。

開発会社が受託案件でスクラムを導入する場合

　まず重要なのは、顧客企業との契約の形態です。開発をすべて請け負
う場合、いままでは請負契約を結んでいましたが、請負の期間と内容に
よっては完全な形でスクラムを進めることが難しくなります。

　一番のお勧めは、IPAの下記のページを参考に"アジャイル開発版の
契約書"を作成することです。これは、アジャイル開発の特性を活かす
ために、成果物に対して対価を支払う「請負契約」ではなく、専門家と
して業務を遂行すること自体に対価を支払う「準委任契約」が前提に
なっています。

アジャイル開発版「情報システム・モデル取引・契約書」
〜ユーザ／ベンダ間の緊密な協働によるシステム開発で、DXを推進〜

https://www.ipa.go.jp/ikc/reports/20200331_1.html

Chapter 4 | スクラム実践の環境を整備する

ただし、こちらの契約をそのまますればOKというわけではありません。このページにある「DX対応モデル契約見直し検討WGからのメッセージ　契約の前に、アジャイル開発に対する理解を深める」に、契約を進める上で重要なことが書かれています。一部引用しましょう。

「契約の前に、アジャイル開発に対する理解を深める」PDFより

アジャイル開発が、要件を曖昧にしたままでも必要な機能がすぐに開発されるというように、あたかもユーザ企業にとっての魔法の杖のように思われているとすれば、そのような考えは改められなければなりません。ユーザ企業が、自らの今後のビジネスにどのようなプロダクトが必要なのか、なぜ必要なのかを十分検討し、利害関係者と調整のうえ、開発プロセスの中でタイムリーな意思決定をしなければ、開発は期待通りには進みません。

https://www.ipa.go.jp/files/000081483.pdf

　受託開発で「難しいから外注すればいい」という考えの顧客の場合は、その考えを改めないといけません。まず顧客との信頼関係とアジャイルについての共通認識を持つ必要があります。状況によっては、説明会や勉強会などを行って納得した上で契約に進みましょう。
　進める上で一番のポイントは、ユーザー企業がプロダクトオーナーを選任することです。またプロダクトオーナーには充分な権限を与える必要があります。IPAのページにある契約前チェックリストも参考にしましょう。

厳格な契約が難しい場合

　お勧めはIPAのモデル取引・契約書ではありますが、とくにスクラムに慣れていない場合、顧客との関係によってはそこまでの契約が難しいケースもあるでしょう。そのような場合も「準委任」の範囲で取り決めていくのが基本です。いくつかのケースを見てみましょう。

契約前チェックリストのチェックポイント（IPA）

項目	チェックポイント
1. プロジェクトの目的・ゴール	プロジェクトの目的（少なくとも当面のゴール）が明確であるか
	ステークホルダーの範囲が明確になっているか
	目的についてステークホルダーと認識が共有されているか
2. プロダクトのビジョン	開発対象プロダクトのビジョンが明確であるか
	開発対象プロダクトのビジョンについてステークホルダーと認識が共有されているか
3. アジャイル開発に関する理解	プロジェクトの関係者（スクラムチーム構成員及びステークホルダー）がアジャイル開発の価値観を理解しているか
	プロジェクトの関係者がスクラムを理解しているか
4. 開発対象	開発対象プロダクトがアジャイル開発に適しているか
	1チーム（最大で10名程度）の継続的対応にて、開発可能な規模であるか
5. 初期計画	プロジェクトの初期計画が立案されているか
	プロジェクトの基礎設計が行われているか
	完了基準、品質基準が明確になっているか
	十分な初期バックログがあるか（関係者間で初期のスコープの範囲が合意できているか）
6. 本契約に関する理解	本契約が準委任契約であることを理解しているか
7. 体制（共通）	ユーザ企業とベンダ企業の役割分担を理解しているか
	今回のプロジェクトにおける体制を理解しているか
8. ユーザの体制	適切なプロダクトオーナーを選任し、権限委譲ができるか
	ユーザ企業としてプロダクトオーナーへの協力ができるか
9. ベンダの体制	アジャイル開発の経験を有するスクラムマスターが選任できるか
	必要な能力を有する開発チームを構成できるか
	開発チームを固定できるか

出典：https://www.ipa.go.jp/ikc/reports/20200331_1.html

①顧客側のプロダクトオーナーに対してサポートの要員を配置する

　プロダクトオーナーはユーザー企業に選任してもらうのがよいでしょう。ただし、実際にはスクラムがはじめてという場合も多く、そのような時に筆者は「POサポート」というロールを作って、POの業務のサポートを行っています。アジャイルコーチ、スクラムコーチを配置している場合などは、スクラム開始前後でプロダクトオーナーに対してスクラムの知識を伝えましょう。

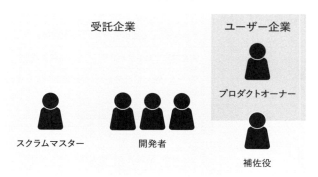

サポート要員の配置

　　　　受託企業　　　　　　　　　ユーザー企業

　　　　　　　　　　　　　　　　　プロダクトオーナー

　スクラムマスター　　　　開発者

　　　　　　　　　　　　　　　　　　補佐役

②受託企業側で仮想プロダクトオーナーを立てる

　受託企業側でプロダクトオーナーのロールを受け持つ必要がある場合は、「仮想プロダクトオーナー」としてプロダクトオーナーを立てることになります。仮想プロダクトオーナーは、頻繁にユーザー企業と連絡をとりながら進める必要があります。

> かつてユーザー企業側に席を設けて、1〜数人が常駐していた"前線基地"のイメージです。ユーザー企業にしっかり入り込み、要件にとどまらず企業の文化を知り、決裁権のある人ともコネクションを作りましょう。スクラムイベント以外にもユーザー企業との意思統一が必要になるので、適時ミーティングを設定します。このパターンの場合は、多少旧来のスキルが必要になることもあるので、オーバーワークに要注意です。

気をつけなければならないのはゴールです。プロダクトゴールをしっかり決めずに進めた場合、予定した時期にプロダクトが完成しない場合があります。スクラムの基本ですが、スプリントレビューごとにプロダクトゴールに正しく向かっているのか、プロダクトゴールを達成するためにはどうすればいいのかを話し合います。もし制作していく中で変更が必要になったら、スクラムチームのみで判断するのではなく、しっかりとステークホルダーの確認をとってください。

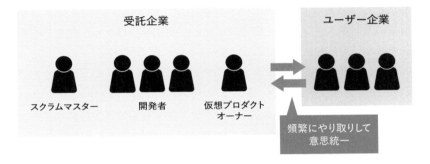

仮想プロダクトオーナーを配置

③ユーザー企業側のメンバーが開発メンバーとして参画する場合

　このようなケースでは、ユーザー企業との間に良好な関係がすでに構築されていることが多く、その場合は問題は少ないです。良好な関係を構築する前の場合、気をつけなければならない点があります。契約上の問題は少ないものの、ユーザー企業側のメンバーと対等な関係を築くことが必須です。スプリントプランニング、デイリースクラムなどはチームとして進められる状態にしましょう。またユーザー企業側の人間だからと、いろいろと一方的に指示を出すことは許されません。このようなことが発生した場合に、どのレベルの人間が問題を解決するか明確にしておきましょう（契約書における担当者など）。

どうしても請負になってしまう場合

　どうしても請負になってしまうという場合もスクラムで進めることは可能です。ただし完成の定義、納品物の契約に注意しましょう。

ドキュメントを減らす交渉をする

　従来の受託請負の契約の場合、納品物は要件定義書、基本設計書、詳細設計書、画面設計書、テスト設計書、シーケンス図、データベース定義書、ユーザーマニュアルなどのドキュメントが羅列されていました。書類として必要なものはもちろん作成しなければなりません。「スクラムなのでドキュメントは一切作りません」とはねつけたら、そもそも受託できない可能性もあるでしょう。

　ただし限界までドキュメントを減らす交渉を行いましょう。たとえば「ドキュメントが揃っていても、ソフトウェアが動かなければ仕方ないですよね?」など、アジャイルソフトウェア開発宣言の「包括的なドキュメントよりも動くソフトウェアを」（P012）の精神を伝えます。

　どうしても残るドキュメントは、製品が完成した後に作成するなどの工夫をしましょう。問題となりやすいのは、中間の成果報告・進捗報告です。これらはインクリメントやプロダクトバックログを提出するのがお勧めです。プロダクトバックログのサンプルを見せて、「このバックログで要件定義からテスト設計書までまかなえます。不足分は記述の仕方をこう工夫します」といった交渉ができます。

　日々内容は確認できるようにし、ユーザーとしても動くものを確認できるため、納品時に「思っていたものとまったく違う」という事態にはならないことを伝えて契約を結びましょう。

　また契約前に、可能であれば機能レベルでのプロダクトバックログを作成する必要があります。この作業は、かつての要件定義に似た作業です。このプロダクトバックログを完成させるのが請負で納品目標となります。

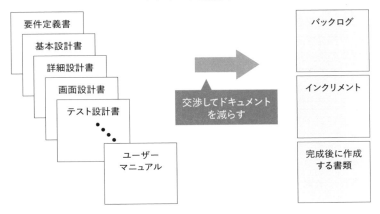

ドキュメントを減らす

要件定義書	バックログ
基本設計書	
詳細設計書	
画面設計書	インクリメント
テスト設計書	
ユーザーマニュアル	完成後に作成する書類

交渉してドキュメントを減らす

請負の注意点

　請負にした場合の注意しなければいけないのが、スプリントを回していて、新たな価値を思いついたり、不要な機能に気づいたりして、プロダクトのゴールが変わった場合です。納品の定義が変わることになるので、この場合、変更注文書、追加契約書、覚書などを交わしましょう。

　最低限メールでの言質は必要です。よかれと思ってプロジェクト中に機能を追加し、それとのトレードオフで機能を落としたという経緯でも、納品になった時に「当然両方できると思っていた」とならないように注意が必要です。

　スプリントバックログから落として、バックログに戻したものは、納品までに行うものなのか、行わないのかの共通認識をはっきりと持てるようにしてください。

プロダクトゴールの変更は要注意

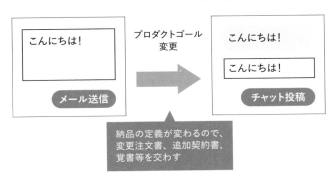

こんにちは！

メール送信

プロダクトゴール変更

こんにちは！

こんにちは！

チャット投稿

納品の定義が変わるので、変更注文書、追加契約書、覚書等を交わす

プロダクトゴールが変更されなくても、スコープに変更があった場合など、どのような手続きを行うかも基本契約の時点から検討しておくとよいでしょう。また重要な変更の場合は、スクラムであれど、メールなどのドキュメントで最低限コンセンサスを取るようにしましょう。

　ドキュメントを減らすこと、プロダクトゴールの変更で了解をとることについては、基本的にはどのケースでも同じです。ユーザー企業は目的を持ってプロジェクトを進めていて、プロジェクトには予算があります。潤沢な予算・人員で進めるようなプロジェクトであれば気にする必要はありませんが、どの企業も新たなプロジェクトに夢を持って挑んでいますので、「みな頑張ったけど、完成しませんでした」という事態は避けたいものです。アジャイルソフトウェア開発宣言の次の文言を心に刻んでおきましょう。

> プロセスやツールよりも個人と対話を、
> 包括的なドキュメントよりも動くソフトウェアを、
> 契約交渉よりも顧客との協調を、
> 計画に従うことよりも変化への対応を、

POINT
- 契約の際は IPA のモデル取引・契約書に沿うのが理想
- 厳格な契約が難しい場合は「準委任」の範囲で取り決めを行う
- 請負にしたい場合はドキュメントを減らす交渉を行う

スクラムをスケールする

ここまで解説したスクラムは数人のチームによるものでしたが、規模の大きなグループへの導入も可能です。Scrum@Scale や Large Scale Scrum（LeSS）など、いくつかの方法があります。

LeSS

　LeSS は Large Scale Scrum の略で、ひとつのプロダクトを複数のスクラムチームで完成させていく際のフレームワークです。各チームは 3 〜 9 人のメンバーで構成され、それぞれのチームは協調してプロダクトを開発します。

　複数のチームで動くことから、スプリントは協力して進め、どのチームも受け持っている部分だけではなく、全体に対して責任を持ちます。

　1 人のプロダクトオーナーがひとつのバックログを扱います。全チームは共通のスプリントを実行し、ひとつの出荷可能なプロダクトのインクリメントを作ります。いかに複数のチームを連携させるか要で、基本は通常のスクラムとほぼ変わりません。

LeSS

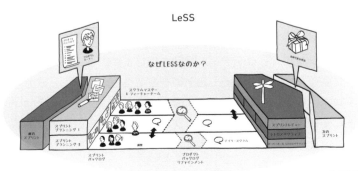

出典：https://less.works/jp/less/framework

185

Chapter 4 ── スクラム実践の環境を整備する

スプリントプランニング

　スプリントプランニングは2段階に分けて行われます。共同で行うスプリントプランニング1では各チームから代表が出席して行います。その後スプリントプランニング2ではチームごとまたは合同でスプリントで行う作業の計画を行います。

LeSSのスプリントプランニング

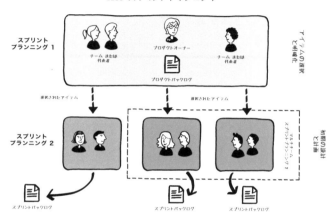

出典：https://less.works/jp/less/framework/sprint-planning-one

デイリースクラムの行い方

　日々のイベントであるデイリースクラムはチームごとに行います。ここは通常のスクラムと変わりません。

スプリントレビューとレトロスペクティブ

　スプリントレビューは全チーム共同で行います。チーム同士の調整はチームに委ねられているので、個別の判断で自由に行うことができます。
　レトロスペクティブは各チームでチームレトロスペクティブを行い、その後に全体のオーバオールレトロスペクティブを行います。各チームレトロスペクティブであがった共有すべき問題などはオーバオールレトロスペクティブで議論します。

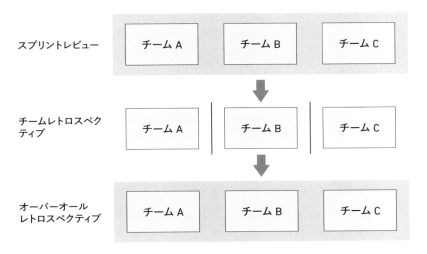

LeSSのスプリントレビューとレトロスペクティブ

スプリントレビュー: チーム A　チーム B　チーム C

チームレトロスペクティブ: チーム A　チーム B　チーム C

オーバーオールレトロスペクティブ: チーム A　チーム B　チーム C

　大まかな流れはスクラムのものと同じです。定期的にオープンスペースという学習や交流を目的とした場の活用が推奨されます。なお、LeSSにはより大規模に対応するLeSS Hugeもあります。

Scrum@Scale

　Scrum@ScaleもLeSSと同様に複数のスクラムチームを連携するフレームワークです。Scrum@Scaleでは、単一のスクラムチームが機能するやり方を、複数のチームのネットワーク全体へと拡張し、管理機能を実用最小限で行える構造を目指します。

　Scrum@Scaleでは複数のスクラムチームが協調してスクラムを進めます。各チームには通常のスクラムと同じくプロダクトオーナーとスクラムマスターと開発者がいます。各スクラムチームが集まってスクラムオブスクラムを構成します。

　さらに規模が上がった場合は、スクラムオブスクラムのスクラムになる、スクラムオブスクラムオブスクラムを形成することもできます。

　LeSSが各チームにプロダクトオーナーを置かないのに対し、Scrum@Scaleは各チームにプロダクトオーナーを置き、組織全体・スクラムオブスクラムレベル・チームレベルで優先順位を付ける範囲を決

めることで、分割統治をするという考え方をとります。

　マイクロサービスアーキテクチャをとり、ミッションごとに作られた各マイクロサービスを担当するスクラムチームの自律性と、会社全体の方向性との整合性の両立を目指す企業に適しています（P206に掲載されている事例が参考になります）。

LeSSとScrum@Scaleの違い

LeSS

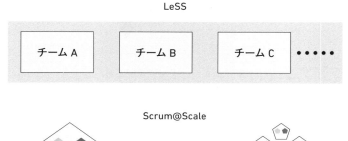

Scrum@Scale

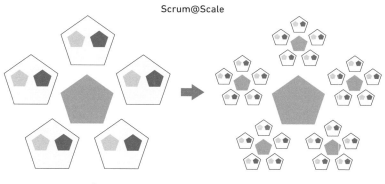

スクラムオブスクラム　　　　　　　　スクラムオブスクラムオブスクラム

　スクラムオブスクラムでは、「スクラムオブスクラムマスター」と「チーフプロダクトオーナー」がスクラムチームである「スクラムマスター」、「プロダクトオーナー」と同様の役割を担います。

　スクラムチームにおいてプロダクトオーナー、スクラムマスター、開発者に上下関係がないように、Scrum@Scaleの組織でもスクラムチームとスクラムオブスクラムに上下関係は存在しません。責任の範囲が違うだけです。

Scrum@Scale のイベント

Scrum@Scale ではイベントもスケールします。

▶ スケールドスプリントプランニング
▶ スケールドデイリースクラム
▶ スケールドスプリントレビュー
▶ スケールドレトロスペクティブ

それぞれのスケールドスクラムイベントは、各スクラムチームのイベントの前後に行われます。各スクラムマスターやプロダクトオーナーが参加し、チーム間の調整を行います。

大切なのはまずひとつのチームを成功させること

LeSS も Scrum@Scale も、最初はひとつの成功するスクラムチームから始めるのを推奨しています。まず、正しいスクラムから始めましょう。ひとつのチームの成功があると、導入時に他のチームの見本になり、企業としても採用に前向きになれるはずです。

> **POINT**
> ・スクラムをスケールするフレームワークに LeSS と Scrum@Scaleがある
> ・LeSSでは全体で行うスクラムイベントと各チームで行うスクラムイベントを使い分ける
> ・Scrum@Scaleはスクラムオブスクラム→スクラムオブスクラムオブスクラムとフラクタルに拡張していく

Chapter

5

スクラムの実践事例

ここでは、スクラムを実際に導入した企業がどのように進めていき、どのような課題に直面したか、実際の事例で紹介します。各イベントの進め方、チームの一体感の作り方、スクラムオブスクラムなどの展開の仕方など、実際にご自身で進める際の参考にしてみましょう。

スクラムを進める上で出てきた問題点

株式会社アンドゲート　経営戦略本部本部長兼 COO　高橋 慎一
聞き手：柏岡秀男

スクラム導入の経緯

　アンドゲートはプロジェクトの推進についてさまざまなサポートを行っており、社内でいくつかのプロジェクトでアジャイル開発を行っていました。今回は自社プロダクトに対して、開発のプロセスを最適化できるかという検証も含めてスクラムの導入を決定しました。

　顧客プロジェクトごとにアジャイルで開発していましたが、今回は正しいスクラムで実行してみようと、アリウープ（聞き手の柏岡が経営する会社）とプロジェクトを進めることになりました。

導入の背景

　一度PoC（Proof of Concept：概念実証）として開発した自社プロダクトがありました。このプロダクトの開発を通じて、よりニーズの高いプロダクトを制作する必要が出てきました。

　この自社プロダクトからメインの機能にフォーカスして、リリース前提に新たなMVP（P093）を作ることになりました。

　プロジェクト全体のリリース計画に沿って、新たに作成するプロダクトのリリース目標も決まっています。

　短期間で本当に必要な機能を探りつつ、MVPとしてプロダクトを完成させる必要があったため、スクラムを導入することにしました。

　初期のプロジェクトメンバーはバックエンド開発1名、フロントエンド開発1名、プロダクトオーナー1名、スクラムマスター兼アジャイルコーチ1名でした。スクラムの知識は多少あるものの、本格的なスクラムの経験はないメンバーです。

　今回は全員がリモートワークによるプロジェクトだったため、オンラインツールを活用してプロジェクトを進めていきます。

　SlackやZoomを使って日々のコミュニケーションを行いました。

　チケットの管理では通常のプロジェクトマネジメントでもBacklog（プロジェクト管理SaaS）を利用しているので、プロダクトバックログの管理でもBacklogを使用します。

利用したツール

日常のコミュニケーション　　　チケットの管理　　　ストーリーマッピング（後述）

　　zoom　　　　Slack　　　　　Backlog　　　　　　draw.io

インセプションデッキ

　最初にインセプションデッキの作成を行いました。時間に余裕がないため、テンプレートを共有してもらい、プロダクトオーナー（以下、PO）が事前に作成しました。不明な部分はミーティングで詳細を詰める予定だったので、半分程度を埋めた状態でした。たたき台を元にメンバーを集めてインセプションデッキを完成させます。この時点でプロダクトの目的などはスクラムチームに共有できたと思います。

　ただ、はじめのプラクティスでもあったので、メンバー間でのコミュニケーションがそれほど活発でなかったこと、事前に記載していた部分のディスカッションが逆に少なくなってしまったことが反省点です。

エレベーターピッチ（旧）
・プロジェクトの成功率を向上させたい、
　もしくはプロジェクトを円滑に回したい
・プロジェクトマネージャー向けの、
・ANDGATEというプロジェクトは、
・プロジェクト管理ツールです。
・これはプロジェクト進行における PMの補助ができ、
・Backlog、Jiraとは違って、
・それらのハブの機能、財務との連携機能が
　備わっている。

エレベーターピッチ（新）
・プロジェクトの成功率を向上させたい、
　もしくはプロジェクトを円滑に回したい
・プロジェクトマネージャー・プロジェクトメンバー向けの、
・ANDGATEというプロジェクトは、
・プロジェクト管理ツールです。
・これはプロジェクト進行における PMの補助ができ、
・Backlog、Jiraとは違って、
・それらのハブの機能、プロジェクトの状態が一覧できる機能が
　備わっている。

ストーリーマッピング

　次に実際にユーザーがどのようにこのプロダクトを利用するのかストーリマッピングを行いました。ここではdraw.ioを用いて行いました。

　ストーリーマッピングではプロダクトの実際の処理の流れを想像しながらストーリーを作成していきました。

ANDGATEの使用場面

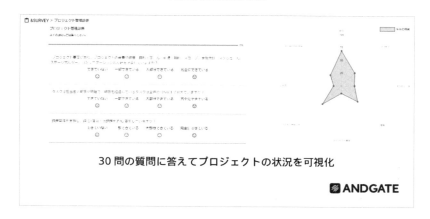

当初は作るのは小さなMVPで、機能としてはそれほどないと考えていました。ですが、ストーリーマッピングを行うことで多くの必要な作業を洗い出すことができ、MVPといえない大きさになりました。

数多く出されたストーリーを取捨選択してMVPへと導くところがなかなかの難所でした。選んだ方針は、期間が短いので「一番重要な機能を実現するために最低限必要な機能を選ぶ」です。

バックログアイテムの整理

ストーリマッピングからバックボーンが導き出され、エピックレベルでのプロダクトバックログアイテムを作成することができました。

プロダクトバックログアイテムは並びましたが、まだそのまま開発できるものではありません。作業できるレベルに落とし込む作業はPOが行いました。

スプリントの始まりを月曜日に設定していたので、準備は週末です。この時点では、「スクラムは大変だ」という印象が大きかったです。

進行時のバックログアイテムの状態

スプリントプランニング

スプリントの期間は1週間でした。1週間にした理由はフィードバックを早く回して、問題があった場合にすぐに対応できるようにするためです。実際に1週間スプリントを回してみると、当初はスプリントの終わりに完成できているものが少なく、その原因もあまり見えていませんでした。

スプリントプランニングではポイントがよく使われますが、今回は「期間が短い」、「専門職が多い」、「POがプログラムも書ける知識がある」という状態でしたので、ポイントは付けませんでした。フロントエンドとバックエンドそれぞれ「スプリント期間でどれくらいできるか」を話した上でスプリントバックログアイテムを作成しました。

　プランニングでの問題点は、スプリントバックログのアイテムを積みすぎてしまうことです。また、スプリントの終わりでは未完成のチケットが貯まっていく状況が時折発生してしまいました。

スプリントプランニングの問題点

第2スプリント

| バックログアイテム 1 |
| バックログアイテム 2 |
| バックログアイテム 3 |
| バックログアイテム 4 |

第3スプリント

| バックログアイテム 3 |
| バックログアイテム 4 |

見積もりの精度が低く、バックログのアイテムが貯まってしまう

原因の解明

　開始して1ヶ月くらいはバックエンドとフロントエンドがうまく連携できず、チケットは消化するものの、レビューで動くものが完成しないことが多かったです。

　コミュニケーション不足に陥った原因は、「それぞれのメンバーが専門家であったこと」と「POが技術もわかり、それぞれのエンジニアと会話して解決していたことから、スクラムチーム全体として技術や話の共有ができなかったこと」の2つです。

　スプリントを進める中で、レトロスペクティブを通じて課題を解決していきました。一番効果が出たのは「スプリントレビューの時にちゃんと動くものを作ろう」という意識の統一です。ここからいくつもの改善が生まれ、順調に作業が進められるようになりました。

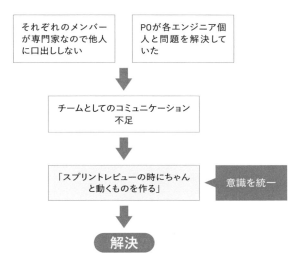

問題点の解決

それぞれのメンバーが専門家なので他人に口出ししない

POが各エンジニア個人と問題を解決していた

↓

チームとしてのコミュニケーション不足

↓

「スプリントレビューの時にちゃんと動くものを作る」 ← 意識を統一

↓

解決

スプリントレビュー

　レビューでは実際に動かしながらディスカッションすることにより、より最短距離でプロダクトゴールへと進められました。初期は動かせるものが少なかったため、ディスカッションまで進まず、それぞれのチケットごとの話にフォーカスされていました。終盤では「プロダクトゴールについて話す」という目的を持ってスプリントレビューを迎えるようになりました。

　レビューでのディスカッションはとても有益なものでした。実際にプロダクトが動くと、当初は想定していなかった問題などが見えてきて、より良いプロダクトのためのアイデアなどがたくさん生まれました。

スクラムの成果

スクラムを導入した結果として、次のような成果が得られました。

- ▶ 当初の想定以上の機能を持つプロダクトが完成した
- ▶ 技術的選択で当初の予定を変更する必要があったが、短期間で変更できた
- ▶ サポートメンバーがメインのメンバーとしてスクラムを理解して作業を進めるようになった

もっと改善できたと思うのは次のような点です。

- ▶ ストーリーポイントを用いて見積もりをより正確にする
- ▶ スプリントプランニング前により多くのプロダクトバックログアイテムをReadyの状態にしたい
- ▶ スプリント0でさらに環境整備を進めたかった

また今回うまくいったことの理由は次のような幸運が重なったことがあります。

- ▶ プロダクトオーナーにプログラムの知見があった
- ▶ 開発者にユニットテスト経験があり、自動テストの導入を初期に行うことができた

テストがあることにより、はじめのうちは簡単な機能でもなかなか開発スピードが上がらないと思っていたのですが、後半に仕様変更が出た場合など、テストがあることによりリファクタリングを積極的に行えるといった利点はあります。

2ヶ月での成果は想像以上のものとなりました。一部分が動かせるようになればよいと考えていましたが、プロダクトとして機能するMVPを作ることができました。

　MVPを活用して利用者が本当に必要なものを見極め、顧客満足度の高いプロダクトにするためにスプリントを回し続けていく予定です。

　小規模・短期間のプロジェクトで始められ、結果も満足。開始から半年経った現在もアジャイルで進行しており、1週間のスプリントを維持しています。当初課題だった「レビューがまともにできない」という環境も改善し、金曜日にレビュー環境で確認できたタスクを完了にする、という運用に変化しました。

　また、今回は期間と人数が少なかったため発生しませんでしたが、途中から人の増減や入れ替えがあった場合にどのように意識統一を図ったり、情報量を揃えるのかが気になるので、他のプロジェクトでもスクラムに取り組み、経験を蓄積していきます。

〈会社紹介〉

株式会社アンドゲート

プロジェクト推進を科学するPM Techカンパニー。

プロジェクトマネージャー（PM）に求められる役割を解明し、テクノロジーによって「新しいPM」を実現します。

依頼主やプロジェクトによって求められる能力が異なる育成の難しいPMを科学し、テクノロジーによって再現することで「新しいPM」を生み出します。

現在は、PMをサポートすることでプロジェクトを推進するプラットフォーム「ANDGATE」を開発しています。

ANDGATEでは、「プロジェクトの診断」「プロジェクト状態の可視化」「人材の教育」など、プロジェクトマネジメントに必要な機能を備えています。

さらに「専門家への相談」「ルーチンワークの自動化」によってプロジェクトをより強く駆動させます。

スクラムチームに一体感を
もたらす意識づくり

株式会社永和システムマネジメント

永和システムマネジメントの主要業務

　永和システムマネジメントでは、2001年の当初からアジャイル開発に取り組み、同社のアジャイル事業部はアジャイル開発に適した契約形態でシステム開発を行っています。

　また、福井本社のアジャイルスタジオでは、エンジニアから会社経営層まで広くアジャイル開発の普及を行い、3,000人近くの方にウェビナーを開催、1,700人近くの方に現場見学会を開催しています。

スクラムへ取り組んだ背景

　日本の医学教育の質を世界基準に合うように評価していく動きがあり、文科省は「臨床実習の改革」通達を出し、実習の見直しを図ります

　福井大学はIT化をいち早く進めており、自前の実習支援システムを構築しました。このシステムの導入により、効果的で効率的な実習運用を行うことが可能になりました。永和システムマネジメントではこちらのシステムの理念をベースにし、ユーザーエクスペリエンスを向上させたプロダクト「F.CESS」の開発を行うことになりました。

プロダクトの開発についてはもともとアジャイル開発を得意としているので、開始当初から行っていました。プロダクトとしての完成も順調に進みました。スクラムで取り組んだのは、プロダクトを市場に適用させていく活動です。F.CESSの製品自体は完成しましたが、それを広めるという点で苦戦していたため、短いサイクルで検証を繰り返し、目的達成を目指しました。

スクラムの目標

プロダクトビジョンを元に製品は完成しています。プロダクトの方向性には絶対的な自信を持っていたので、広まらないからとすぐに別プロダクトを作るといった方向転換はなかなかできません。

そこで、軸となるプロダクトの根幹は変えず、決裁者に理解してもらえるようにプロダクトのアピールを変えることにしました。アピールの仕方次第でプロダクトの価値をより伝えられるという目論見です。平たく言えば「製品はそのままに売り文句を変える」ということです。

ただし、実際にはキャッチコピーを変えるだけということではなく、売り出し方に対応するようにプロダクトにも変更を加えていきます。

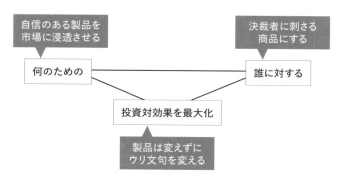

スクラムの目的

自信のある製品を
市場に浸透させる

決裁者に刺さる
商品にする

何のための ── 誰に対する

投資対効果を最大化

製品は変えずに
ウリ文句を変える

プロダクトオーナーの役割

　プロダクトオーナーは社内から出しましたが、顧客と頻繁にコミュニケーションを取りました。大学や顧客などもステークホルダーとして一緒にプロダクト開発に参加してもらえる関係を構築しました。プロダクトオーナーは顧客・ステークホルダーと一体になり、要望を吸い上げることに成功しました。

プロダクトオーナーと顧客のコミュニケーションを密に

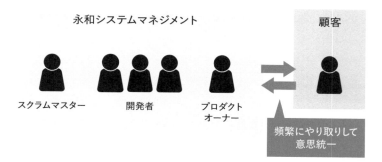

永和システムマネジメント

顧客

スクラムマスター　　　開発者　　　プロダクト
オーナー

頻繁にやり取りして
意思統一

ゴールの決定

　顧客へのインタビューから新たなプロダクトゴールを決めます。1ヶ月サイクルでマイルストーンを決め、1週間ごとのスプリントでプロダクトゴールに近づけるようにしました。ビジネス上、マイルストーンまでに実現しなければならないことがある場合は、バーンダウンチャートを用いて確実に目的を達成できるように進めました。

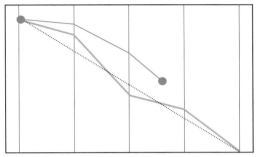

バーンダウンチャート

第1スプリント　第2スプリント　第3スプリント　第4スプリント

.... 理想線
――― 計画線
――― 実績線

グラフに理想線、計画線、実績線をプロットし、現在の進捗具合を可視化する

　プロダクトゴールを決める場合は開発チームも一緒に行います。プロダクトバックログの作成にも積極的に加わります。開発メンバーがエピックを作成して、必要なタスクを割り出します。開発チームが作成したプロダクトバックログアイテムに対して、プロダクトオーナーが順位付けを行い、スプリントを進める準備をします。

メンバーの役割

　開発チームはプロダクト開発の時からのメンバーで、プロダクトへの理解があります。自社で限られた人数で開発を行ってきた結果、専任のデザイナーやマーケターがいるわけではありません。しかし、スクラムチームとして何が最適かを考え、動ける自走可能なチームとなりました。スプリントをこなし、改善を繰り返すことでプロダクトゴールの実現は可能です。

　もちろん、業界やマーケットの専門的な知識は必要です。ドメイン知識の取得には専門家をチームに招聘し、業界特有の知識や習慣などをインプットしてもらいました。単に外注先として専門家に何かを依頼するのではなく、知識をスクラムチームに注入できるように意識することで、プロダクトをより"自分ごと"として開発チームが考えられます。

マイルストーンの位置付け

　今回はスプリントごとの繰り返しにマイルストーンとなるゴールを置きました。

　通常のスプリントでのイベントのほかに、マイルストーンごとにレビューしてふりかえりを行います。

　完成したものはすぐに顧客に見てもらい、市場へ投入することでさらなるフィードバックをもらうことができ、次のマイルストーンに反映させていきます。

スプリントゴールとマイルストーンの関係

マイルストーン1

| スプリント1 | スプリント2 | スプリント3 | スプリント4 |

マイルストーン2

| スプリント5 | スプリント6 | スプリント7 | スプリント8 |

マイルストーンでもレビューを
行い改善を繰り返す

スクラムの成果

　進めていく上で一番よかったのは、開発メンバーも顧客も"自分ごと"として考えられる土壌づくりが上手くできた点です。初期開発からの経験やチームワーク、長年進めてきたアジャイル開発の蓄積があったため、プロダクトにフォーカスできたことも成功した一因です。

組織全体としては、ステークホルダーを含めたビジネス的な取り組みができたことも収穫です。ステークホルダーの福井大学と我々がビジネス価値を共有できる枠組みを導入することで、受発注や傍観する関係性でなく、運命共同体のような関係性ができたのが大きいでしょう。

　顧客は顧客、営業は営業、開発は開発といった状態では、なかなかチーム感が出ません。それぞれのメンバーがプロダクトビジョンを共有し、ひとつのチームと機能することが、市場に共感されるプロダクト開発につながります。

今後の目標

　取り組みを続けた結果、引き合いの数が増えるとともに、ターゲットとする顧客層も広がりを見せています。新しい顧客と出会い、さらに意見やフィードバックをもらいながら、プロダクトをより良いものへと導いて行くことが目標です。

　永和システムマネジメントはこれまで受託システム開発がビジネスの中心でした。今後はさらに自主プロダクトでもお客様に貢献できるような分野を開拓できればと考えています。

〈会社紹介〉
株式会社永和システムマネジメント
1980年創業以来、金融システム構築、地域の医療機関へのシステム導入サポートに始まり、東京でRubyに精通する技術者集団、アジャイルのコンサルティングファームとして知名度を上げ、自動車をはじめとする組込み技術分野にも進出してきました。2020年に40周年を迎え、医学教育を支援する製品開発・販売（F.CESS）、さらにはAgile Studio（アジャイルスタジオ）を立ち上げ、全国をつなぐアジャイルチームを構成するに至っています。

Scrum@Scaleで会社全体の活動をスクラム化

SATORI株式会社　執行役員　経営管理部長兼CFO　藤野 敦

SATORIのスクラムの状況

　SATORI株式会社では2018年にまず開発部門にスクラムを導入し、その後、4年かけてスクラムを全社に導入しています。

　2018年のスクラム導入開始時には30名だった社員数も、2022年10月時点では160名となり、ビジネスの拡大と併せて組織自身も急拡大しています。マーケティング・営業・カスタマーサクセスからなる事業部門120名、少数精鋭の開発部門10名、管理部門30名が、日々、スクラムを実践しています。

なぜSATORIはスクラムを導入したか?

　スタートアップであるSATORIでは、社員一人ひとりの成長が会社の成長そのものです。そして社員の成長には、社員一人ひとりが責任ある自由のもと、キャリア形成の実現を目指すことが大切だと考えました。

　2018年当時、SATORIは社員数を30名から短期間で2.5倍にするという野心的な目標を持っていました。30名であれば、一部のスーパープレイヤーで会社を牽引できましたが、今後の高い成長を実現するためには、組織としての再現性を高める新たな仕組みが必要でした。

　そのような中で開発部門からスクラム導入の提案があり、調査した結果、スクラムは「トヨタ生産方式」や「京セラのアメーバ経営」との共通性もあり、SATORIが大切にする文化を活かしながら、会社の成長を支える新たな仕組みになると直観し、全社的に採用することを経営として決定しました。

　SATORIでは、スクラムを組織全体へ広げる手法として「Scrum@Scale」を採用しています。Scrum@Scaleは、スクラムの共同考案者、ジェフ・サザーランド博士が考案した組織運営のフレームワークです。共通のゴールを持つスクラムチームをより大きなスクラムチーム「スクラムオブスクラム」へとスケールし、スクラムチームのプロダクトオーナーとスクラムマスターが、リーダーシップのプロダクトオーナーチーム「Executive MetaScrum（EMS）」とリーダーシップのスクラムマスターチーム「Executive Action Team（EAT）」とそれぞれ連携することで、持続的なイノベーションを実現します。

Scrum@Scaleフレームワーク

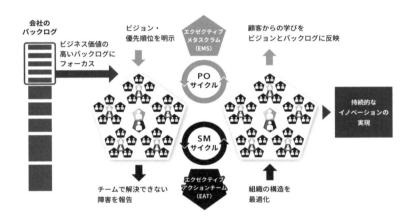

スクラム導入のタイムライン

　SATORIでは2019年8月からスクラムの全部門導入を開始しました。
　2020年4月にはコロナ禍の緊急事態宣言により、出社を前提とした働き方からフルリモートを前提とした働き方への変更と、それに伴う全社バックログの書き換えというイベントも約1週間で行いました。同じタイミングで経営主要メンバーによるデイリースクラムもスタートしました。

2021年4月には、共通のゴールを持ついくつかのスクラムチームが、大きなスクラムチーム（スクラムオブスクラム）を形成するようになり、経営主要メンバーとスクラムオブスクラムの連携も開始しました。

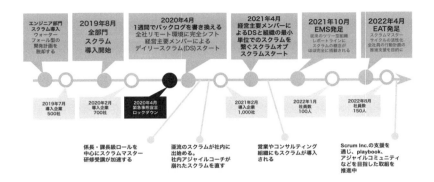

2021年10月には、スクラムオブスクラムのプロダクトオーナーの代表（チーフプロダクトオーナー）と経営主要メンバーが会社の方針を決定するEMSを発足。

2022年4月には、会社全体のスクラムの浸透と改善に責任を持つEATを発足しました。以降、スクラムおよびScrum@Scaleにより、組織全体が運営されるようになりました。

導入開始後の変革

スクラムの全社導入開始後、SATORIでは、一定の役職以上のメンバーに対して「Registered Scrum Master（スクラムマスター資格）」の取得を義務化しました。その後、単一機能の組織長を担う立場のメンバーには「Registered Product Owner（プロダクトオーナー資格）」を、そして複数の機能を束ねる立場にある組織長には「Registered Scrum@Scale Practitioner（Scrum@Scale資格）」の取得を進めています。

取り組みを始めてから1年半くらいが経過した頃のスクラム組織図です。

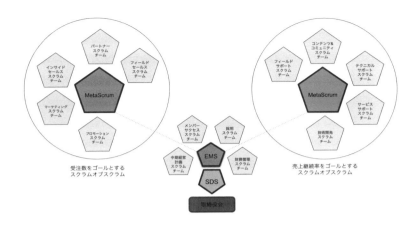

　新規契約の受注数をKGIとするスクラムオブスクラム、既存顧客からの収益維持や拡大を担う売上継続率という指標をKGIとするスクラムオブスクラムと、いくつかのEMS・EAT直下のスクラムチームから構成されていました。

デイリースクラムの運用

　社内の大部分をスクラムで運営するのに重要な役割を果たしたのが、「スケールドデイリースクラム」です。SATORIでは10時の始業と共に全社員が自分の所属するスクラムのデイリースクラムに参加します。チームのデイリースクラムが終わったらすぐにスクラムオブスクラムのデイリースクラムを行います。そして、スクラムオブスクラムの代表者と経営陣、主要マネジメント層がスケールドデイリースクラムを実施します。

　社員160名の重要な進捗や課題の共有が、始業後わずか1時間で経営陣にまで届くという形になっています。

　SATORIではスクラムのイベントをすべて会社のレポートラインに組み込んでしまうことにより、組織の文化としてスクラムを取り入れています。

　スクラム導入が大きな成果となって現れたのは、2020年4月のコロナ禍による緊急事態宣言の発出時でした。

　全社的にスクラムを導入し始めていたからこそ、フルリモートに切り替えなければならないという未曾有の事態においても、各スクラムチームからメンバーが一堂に会し、コロナ禍における経営方針をトップダウンとボトムアップ双方で考え、すべて書き換え合意をすることができました。

　スウォーミング（チームでもっともビジネス価値の高いバックログに一斉に取り掛かること）に慣れているSATORIメンバーは、わずか1週間でEMSおよび各スクラムのバックログの更新を完了しました。

  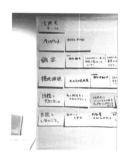

　コロナ禍のような変化が激しい時こそ、スクラムのスピーディな意思決定が成果を生み出すことを身をもって体験しました。

　結果、SATORIはコロナ禍発生直後でも企業としての成長カーブを維持することができ、2020年3月に過去最高の商談数・過去最高の成約数を、2020年4月に月次成約数目標達成を、2020年5月～6月に過去最高の前月比売上増を達成することができました（すべての数値は記載時点での経年比較）。

今後の課題〜より良い組織を目指して〜

　しかし、SATORIはスクラムを全社に適用した組織として、以下のような課題にも直面しています。

▶ スクラムによるコミュニケーションコストが高すぎる

▶ 一部、チームにおけるスクラムの形骸化

▶ マネジメントのスクラムチームへのサポート不足

▶ プロダクトオーナーの能力不足（とくに優先順位付けの能力）

▶ 会社戦略とチームの優先順位の整合性（局所最適化）

▶ スクラム組織におけるキャリア形成手法の確立

▶ オペレーション的な業務や顧客対応業務へのスクラム適用

▶ スクラムが重視するT字型専門性と個別の組織が求めるI字型専門性と
　のバランス

　こうした課題に優先順位を付け、より良い組織を実現するため、2022年4月からリーダーシップのスクラムチーム、EATを発足させました。このチームは組織のスクラムの定着と改善を通じ、より良い組織運営の実現に責任を持ちます。

　プロダクトオーナーと経営メンバーが会社の意思決定を行うEMSはすでに運営していましたが、会社の規模が急拡大する中で「質の高い行動を再現性をもって組織全体で遂行する」という課題の優先度が高くなりました。EATはその認識のもとでScrum@Scaleの考え方に沿って発足させたチームで、スクラムマスターサイクルを通じて「組織のHOW（プロセス）」を改善させる役割を持ちます。

SMサイクル
組織のプロセス（「How」）を調整

継続的改善と障害の除去　チームプロセス

チーム横断の調整

EAT

プロダクトリリース
とフィードバック

デリバリー

SMサイクル

POサイクル

戦略的ビジョン

バックログの
優先順位付け

EMS

バックログの
分割とリファインメント

リリースプランニング

プロダクトインクリメント

SATORIではEAT発足に伴い、組織変革のビジョンを策定し、その変革を実現するための変革バックログに優先順位を付け、EATとスクラムチーム、そしてEMSが一丸となってより良い組織運営の実現を推進しています。

〈会社紹介〉
SATORI株式会社
2015年に創業し、純国産マーケティングオートメーションツールの開発・提供を手掛けています。

「あなたのマーケティング活動を一歩先へ」をミッションとし、「もっとも進んだマーケティング実践企業であり続ける」をビジョンとするSATORIは、先進的なマーケティング手法を世の中に広めていくことを使命としています。

ツール「SATORI」を導入する顧客数はまもなく1500社を超え、顧客リストには、ジェイアール東日本企画、パナソニック、ソニーネットワークコミュニケーションズといった日本を代表する企業が名を連ねます。

Index

スクラムの資料・リソース集

SCRUM GUIDES
各言語でのスクラムガイド

URL https://scrumguides.org/

Scrum Inc. Japan
認定スクラムマスター研修やスクラム関連のトレーニングを提供している会社

URL https://scruminc.jp/

アジャイルソフトウェア開発宣言

URL https://agilemanifesto.org/

URL https://agilemanifesto.org/iso/ja/manifesto.html（日本語）

アジャイル宣言の背後にある原則

URL https://agilemanifesto.org/principles.html

URL https://agilemanifesto.org/iso/ja/principles.html（日本語）

著者・監修者プロフィール

〈著者〉
柏岡秀男（かしおか・ひでお）

有限会社アリウープ　代表取締役
明日の開発カンファレンス　実行委員長
PHPユーザ会　発起人の一人
Registered Scrum Master（RSM）
Registered Product Owner（RPO）
Registered Scrum@Scale Practitioner（RS@SP）

PHPを中心としたWebアプリケーション開発を通して、多くのプロジェクトを経験。近年は開発のみの案件よりも、スクラムの導入やアジャイルコーチを含めた案件が増えてきている。明日の開発カンファレンス（アスカン）の開催などを通して日本の開発が盛り上がり続けることを熱望している。

献辞
本書を書くにあたってたくさんの皆様にご協力いただきました。
企画の初期段階より相談に乗っていただきアドバイスやレビュー、事例の執筆にまで協力をしていただいた和田圭介さんをはじめScrum Inc. Japanのみなさま。同じく企画段階から参加いただき、レビューでは丁寧に指摘していただいた、僕のスクラムの先生でもある木下史彦さん。
いつも社内スクラム事業を通して協力してくれている内田さん、山本さん。本当にありがとうございました。

〈監修者〉
Scrum Inc. Japan

Scrum Inc. Japanは、KDDI、永和システムマネジメント、米国Scrum Inc.の合弁会社として、日本のビジネス文化の変革を目的に設立されました。設立以来、日本の製造業の働き方に着想を得たスクラムの普及を通じて、従業員のやりがいと持続的なイノベーションを両立する社会の実現に貢献しています。

●制作スタッフ

［装丁］	新井大輔	［編集長］	後藤憲司
［イラスト］	くにともゆかり	［副編集長］	塩見治雄
［DTP］	江藤玲子	［担当編集］	後藤孝太郎

小さな会社の
スクラム実践講座

2022年12月21日　初版第1刷発行

［著者］	柏岡秀男
［監修］	Scrum Inc. Japan
［発行人］	山口康夫
［発行］	株式会社エムディエヌコーポレーション
	〒101-0051　東京都千代田区神田神保町一丁目105番地
	https://books.MdN.co.jp/
［発売］	株式会社インプレス
	〒101-0051　東京都千代田区神田神保町一丁目105番地
［印刷・製本］	中央精版印刷株式会社

Printed in Japan

【カスタマーセンター】
造本には万全を期しておりますが、万一、落丁・乱丁などがございましたら、送料小社負担にてお取り替えいたします。
お手数ですが、カスタマーセンターまでご返送ください。

●落丁・乱丁本などのご返送先
〒101-0051　東京都千代田区神田神保町一丁目105番地
株式会社エムディエヌコーポレーション カスタマーセンター
TEL：03-4334-2915

●書店・販売店のご注文受付
株式会社インプレス　受注センター
TEL：048-449-8040／FAX：048-449-8041

【内容に関するお問い合わせ先】
株式会社エムディエヌコーポレーション カスタマーセンター メール窓口

info@MdN.co.jp

本書の内容に関するご質問は、Eメールのみの受付となります。メールの件名は「小さな会社のスクラム実践講座　質問係」、
本文にはお使いのマシン環境（OS、バージョン、搭載メモリなど）をお書き添えください。電話やFAX、郵便でのご質
問にはお答えできません。ご質問の内容によりましては、しばらくお時間をいただく場合がございます。また、本書の範
囲を超えるご質問に関しましてはお答えいたしかねますので、あらかじめご了承ください。

ISBN978-4-295-20406-0　　C3055